翻篇是一种能力

优麦 编著

北京日报出版社

图书在版编目（CIP）数据

翻篇是一种能力 / 优麦编著 . -- 北京：北京日报出版社，2025.3. -- ISBN 978-7-5477-5133-6

Ⅰ . B821-49

中国国家版本馆CIP数据核字第2024ED6140号

翻篇是一种能力

出版发行：北京日报出版社
地　　址：北京市东城区东单三条8-16号东方广场东配楼四层
邮　　编：100005
电　　话：发行部：（010）65255876
　　　　　总编室：（010）65252135
印　　刷：三河市华润印刷有限公司
经　　销：各地新华书店
版　　次：2025年3月第1版
　　　　　2025年3月第1次印刷
开　　本：710毫米×1020毫米　1/16
印　　张：13
字　　数：165千字
定　　价：58.00元

版权所有，侵权必究，未经许可，不得转载

序　言

有人说:"人要有翻篇的能力,不依不饶就是画地为牢。这个世界没有真正快乐的人,只有想得开的人。要永远相信所有的山穷水尽都藏着峰回路转,就算是一地鸡毛,也能给它搓出一个鸡毛掸子来。"遇到糟糕的事,就认栽然后跨过去,告诉自己下次别再碰就好了。翻篇是一种能力,就是指忘记过去的不愉快和各种挫折坎坷,重新开始的能力。

很多时候,翻过去,就是事情的另一面,死路可以变活路,活路会越走越宽。拥有翻篇能力的人,能够以更积极的态度去应对问题,从而在逆境中实现自我突破和成长。

让伤痛翻篇是一种解脱。谁都会犯错,都可能在不经意间伤害别人或被人伤害。如果受到伤害,就要有让伤痛翻篇的能力。因为无论过去的伤口是否愈合,都会随着人事变迁成为不得不面对的现实。而憎恨或耿耿于怀,只会成为束缚我们的泥沼,越挣扎,陷得越深,最终无法解脱。唯有学会放过他人,放过自己,忘记过去的伤痛,及时挑出心中的那根刺,才能让伤口更快地愈合。

让社交翻篇是一种智慧。我们每天都可能遇到人际关系上的摩擦或冲突,有的人觉得事情过了就过了,把摩擦和烦恼很快抛诸脑后;而有的人却将种种情绪积攒心头,造成严重的心理负担。如果在人际交往中,太过在意一些鸡毛蒜皮的小事，或者太过在乎别人的评价，那么不仅容易内耗，还处理不好人际关系，会让自己处于被动的社交状态。让人际关系里的摩擦和不舒服快速翻篇，让消耗你的人远离你的圈子，才能更好地向前走。

让情感翻篇是一种勇气。结束一段关系最好的方式就是不翻脸、不纠缠、快转身。一段感情的结束，难免会有伤感和不舍，越是纠缠，反噬越重，对自己的伤害也越大。与其对骂攻击翻旧账，撕掉成人世界里的最后一块遮羞布，最终不欢而散，不如保全彼此的体面和美好的回忆，好好告别过去的时光以及过去的自己。

让情绪翻篇是一种成熟。朋友圈里总有人为了芝麻大的小事反复纠结，好几天没见后再看朋友圈，发现她还在纠结。这种内心混乱、无法平息自身情绪的人是非常吃亏的。很多时候，捆绑一个人的可能不是能力，也不是环境，而是他固有的思维方式。很多时候，让一个人心烦的可能不过是一件小事，走不出禁锢自我的牢笼，只会让自己的心更累、路更窄。学会表达情绪，而不是情绪化地表达。真正的情绪稳定，不是压抑情绪，而是接纳情绪，然后让情绪翻篇。

......

《翻篇是一种能力》是一本心灵成长之书。它希望通过观照和解决人生各个方面的问题，帮助读者走出内心困惑，实现自我救赎。本书分为八章，每一章都针对人生的某个方面进行了详细剖析和解读，并提供了切实可行的解决方法。相信读者在看完本书后一定会有所收获。

《了凡四训》有言："从前种种，譬如昨日死；从后种种，譬如今日生。"如果你总是被昨天的人和事困扰，那么你也会错失今天的美好。聪明的人都懂得及时翻篇，把过去的、不值得的人和事抛在脑后。

人生如书，一页一页翻过去，下一页更精彩。

目 录

第一章 伤痛翻篇：人生实苦，放下才能重生

与自我和解，摆脱原生家庭的桎梏　　002
遭遇身体侵犯，那不是你的错　　005
朋友的背叛，重要的不是原谅而是放下　　008
曾经的不公和不幸，就埋在过去吧　　011
意外伤害带来的痛苦，如何接受命运的脱轨　　014
遭遇诈骗后懊悔又自责，如何进行心理自救　　018
报复坏人的最高境界，是让自己过得更好　　022
幸存者的痛苦，如何完成自我救赎　　025

第二章 社交翻篇：消耗你的人，果断远离

聪明人从来不在无效社交上浪费时间　　030
成年人的世界，只筛选不改变　　033
想有钱，先远离消耗你的圈子　　036
需要讨好的关系，不要也罢　　039
有人瞧不起你，不必翻脸，但要翻篇　　043
朋友都是阶段性的，渐行渐远是常态　　047

专注提升自己，吸引更高圈层的牛人　　　　　　　　051
拓展社交圈，别只躲在熟悉的圈子里　　　　　　　　054

第三章　情感翻篇：不翻脸，不纠缠，快转身

你放不下的未必是爱，可能是执念和不甘心　　　　058
放弃沉没成本，爱而不得就要及时止损　　　　　　061
感情中所有的错过，都是因为不够爱　　　　　　　065
选择原谅出轨，心里的痛如何彻底翻篇　　　　　　068
对一个不爱你的人，放手是最好的选择　　　　　　071
好好地告个别，不谈亏欠，不谈对错　　　　　　　075
当你变得更优秀，你会遇见更好的人　　　　　　　078

第四章　对错翻篇：不追究，不较劲，向前看

截断踢猫效应，不做坏情绪的传递者　　　　　　　082
不必抓着别人的小错不放　　　　　　　　　　　　085
原谅他人无意中的冒犯　　　　　　　　　　　　　089
停止自责，宽恕犯错的自己　　　　　　　　　　　092
就事论事，才是避免矛盾升级的态度　　　　　　　095
有一种智慧，叫不与烂人烂事纠缠　　　　　　　　098
牛奶打翻了，不指责是修养　　　　　　　　　　　101
停止追逐错误的，才有机会遇见对的　　　　　　　105

第五章　遗憾翻篇：别后悔，别惋惜，不完美才是人生

跳出反刍思维，过去的蠢事要翻篇　　　　　　　　110
有遗憾的青春，才是完美的　　　　　　　　　　　113

对于错过的机会，不必耿耿于怀　　　　　　　　　　　116

永远不要美化你没有选择的那条路　　　　　　　　　119

那些得不到的，不要再惦记　　　　　　　　　　　　122

与其后悔过去的行为，不如从现在开始改变　　　　　125

接受瑕疵，它让你与众不同　　　　　　　　　　　　128

第六章　情绪翻篇：你可以生气，但不要越想越气

一件小事，为什么你会越想越生气　　　　　　　　　132

你在意别人的评价，别人根本不在意你　　　　　　　135

怎么做，别人的批评才无法伤害你　　　　　　　　　138

别让忌妒的毒药，浸染你的心灵　　　　　　　　　　141

敢于表达愤怒，然后再翻篇　　　　　　　　　　　　144

学会给自己找点心理平衡　　　　　　　　　　　　　147

避免过度共情他人，多关爱自己　　　　　　　　　　150

宽恕别人，就是善待自己　　　　　　　　　　　　　153

第七章　失败翻篇：要有归零再出发的勇气

成功不一定是好事，失败也不一定是坏事　　　　　156

创业，是以100%的乐观应对99%的失败　　　　　　159

不被失败打倒，好情绪可以帮你重整旗鼓　　　　　162

学习击退挫败感，重获自信　　　　　　　　　　　　164

用复盘法，把失败变为成长的契机　　　　　　　　　167

你什么都不缺，只是缺乏重新开始的勇气　　　　　170

放下执念，心才能回归安宁和富足　　　　　　　　　174

站起来就好，没人总记得你跌倒时的狼狈　　　　　176

第八章　成就翻篇：人生如茶，空杯以对

无论好事坏事，都已随风而逝	180
沉浸在过去的荣耀里，便会难以前行	182
空杯心态，适时归零是为取得新成绩	185
卡在发展的瓶颈期，如何进阶到更高层级	189
强化长板和优势，重塑核心竞争力	192
敢于否定自我才能超越自我	195
构建成长型思维模式，让你终身成长	198

第一章

伤痛翻篇：人生实苦，放下才能重生

与自我和解，摆脱原生家庭的桎梏

心理学家阿德勒曾说："幸运的人一生都在被童年治愈，不幸的人一生都在治愈童年。"如果一路跌跌撞撞，原生家庭留在心上的伤口从未愈合，那么与其苦苦等待家人的改变，不如往前看，接受孤独的自己，学会爱自己。

我们每个人都有自己的原生家庭，原生家庭是我们的起点，也是我们性格形成的母本。但世界上并没有完美的原生家庭，有些人一辈子都在憎恨自己的原生家庭，没有走出原生家庭的伤痛。

在心理学上，有一种破坏性自恋型人格，是指一个人几乎在任何情况下都一直超乎寻常地关注自己，以自我需求为中心。它主要表现为控制欲强烈、缺乏同理心、情绪贫乏、忌妒、自大、内心空虚等。

很不幸，许多父母都有这种人格，对自己的孩子施以沉重的压力和巨大的伤害。这种伤害会一直持续到孩子成年之后，在无形中影响他们生活的方方面面。

在电视剧《都挺好》中，母亲对其他孩子宠爱有加，唯独对苏明玉非常冷落，区别对待。这样的童年让苏明玉认为自己是"丑陋的果子"，导致长大后的苏明玉看起来强势固执、独立坚强，但内心极度缺爱。

如果将自己人生的不幸都归结于原生家庭，不过是在逃避不愿意改变命运的自己。我们能做的就是在成长的过程中，不断完善自我，去超越自己的原生家庭。

心理学家罗伯特·戴博德在《蛤蟆先生去看心理医生》一书中，讲了这样一个故事。

小时候的蛤蟆先生一直不快乐。他的父亲古板又冷漠，而母亲懦弱又胆小。蛤蟆先生的生活被父亲掌控着，他走过的每一步都是别人帮他决定的。

长大之后，蛤蟆先生努力地成为一个开心果，取悦别人，想要别人认可自己，而不是认为自己活在父亲的荣誉之下，却没有成功。经历了一系列的变故之后，蛤蟆先生连自己的庄园和最喜欢的校董职位都失去了。

蛤蟆先生变得颓废潦倒，他一度想过自杀。但在好朋友的帮助下，他来到了心理咨询师苍鹭的家里。

"你认为我会好起来吗？"其实蛤蟆先生并不相信苍鹭能治好自己，他只是不想拂了朋友的好意。

"如果我不相信每个人都有能力变得更好，我就不会做这份工作了。归根结底，这一切取决于你。"

在每周的治疗中，苍鹭一直在引导蛤蟆先生自己思考问题："这件事，你怎么看？你当时处在什么状态下？你会怎么做？"

在苍鹭的引导下，蛤蟆先生终于大胆地迈出了第一步。

他早早地起床，欣赏花园清晨的美景，还把早就坏掉的赛艇修好，痛痛快快地划了一次船。蛤蟆先生仔细观察河边茂密的垂柳、葱葱郁郁的草地，水面波光粼粼，路过的朋友在和他打招呼。蛤蟆先生觉得有什么东西

翻篇是一种能力

不一样了。

蛤蟆先生曾经将摆脱父亲的影响当作他人生的头等大事，但现在他发现，原来还有更多的事等着自己去体验。

也许很多人都在等待父母对自己说一声"对不起"。但是，我们的目的并不在于讨伐、责怪和怨恨父母。我们不是为了向父母求得一句道歉，也不是逼自己去原谅父母，而是希望我们能选择和自己和解，冲破这层桎梏。

父母对待我们的方式，只是他们个人的选择和行为，我们无须再过度投入情绪和精力去评判或纠结。也不要再让他们曾经的行为影响我们，因为还有更广袤的风景等着我们去探索。我们当下的责任就是好好爱自己、爱生活、爱你所爱的人。

想要摆脱原生家庭的伤害，最后和自我和解，将一手烂牌打出王炸，我们可以想想下面这些话。

1.我们的感受，无论好坏，都值得被在乎。我们可以流泪，也可以脆弱，哭出来，没关系。

2.没有人能从优秀中获得爱，不要以为自己优秀了，就能得到父母的爱。优秀不是被爱的原因，而是被爱的结果。

3.宽恕自己在那个环境中无从学习自尊和自我安慰，而经常与自己作对，经常对自己批判甚至苛责。

可以说原生家庭造就了我们的现在，但原生家庭只是给了我们一个起点、一个初始值。你能从这个起点出发，走哪条路，走得多快，走得多远，则需要你自己负责。

认识过去的伤痛，减少原生家庭带给自己的伤害，把所有的专注力都放在自己身上或后来组成的家庭上，不要让过去的伤害复制、延续下去，影响你的一生。

遭遇身体侵犯，那不是你的错

莎士比亚曾说："地狱里空荡荡，魔鬼却在人间。"在遭遇坏人时，柔弱、害怕、没有能力保护自己，最终被伤害。明明是被侵犯的一方，却无法原谅自己，不断自责、伤害自己。

有的曾被性侵的青少年以及成人，对曾经的经历羞于启齿。时间不仅没有抚平他们的伤痛，反而加深了他们对自己的厌恶以及对他人的极度不信任：

"那天我是不是不该穿那样的衣服，是不是太暴露了？"

"如果我挣扎、反抗，结果是不是就会变得不一样？"

"我不会再相信任何人了。"

……

作家林奕含在婚礼上说过这样一段话："我失去了快乐这个能力，就像有人失去他的眼睛，然后再也拿不回来一样。但与其说是快乐，说得更准确一点，是热情。我失去了吃东西的热情，我失去了与人交际的热情，以至于到最后我失去了对生命的热情。"

她在《房思琪的初恋乐园》里曾写道："太好了，灵魂要离开身体了，我会忘记现在的屈辱，等我再回来的时候，我又会是完好如初的。"然后，便是一条生命的消逝。

这种羞耻感不是那种人们因"某件错事"而产生的阶段性的羞耻感受，而是指你内心的自我评价——它是一种让你觉得自己肮脏耻辱、低人一等、毫无价值的感觉，它让你打心眼里厌恶自己，认为自己不值得被爱。

同时，当我们没有得到足够的理解和支持时，就会逐渐产生自我谴责的想法，并将自己放在"被惩罚"的位置上，任想法持续发酵。这种自我惩罚的想法是无法平息的、灾难性的。

但是，你穿着漂亮的碎花裙子，风吹动了你的裙子，风没有错，裙子没有错，你也没有错，错的是往你裙下偷看的人。

美国临床心理学家梅格·杰伊在其著作《我们都曾受过伤，却有了更好的人生》中写道："除了少数人有条件主动寻求专业人士的帮助，大多数人即便长大成人，依然将童年遭受的黑暗当作自己秘不可宣的隐私，不能与人言说。"

如果无法言说的痛苦让你不能承受，又不能向外排解，那就用一些方法进行自我疗愈。

自由书写自我疗愈

无须华丽的辞藻，只求心灵的赤诚相见。将心底最隐秘的思绪，即便那是最脆弱、最羞愧、最激愤的情感，也无须避讳，尽情地倾诉于纸上。此刻，不必审视自己的念头，任凭它们如泉涌般流淌，无论那是光明或是阴暗，是喜悦还是忧伤。只需记录，无须评判，让笔尖随着心绪起伏而舞动。

一开始，你书写的时间无须过长，只要能完整记录下你最真实、最直接的情绪即可，5分钟足够了，慢慢来，不着急。

不后悔当时没有反抗

人在受到威胁时产生的反抗、逃跑、木僵反应都是本能，都是为了保护自己不受伤害。如果在受到侵犯时你没有反抗，僵直在原地，只是因为你的身体觉得反抗和逃跑都不能保护自己，才作出这样的选择。

慧敏在那天身体完全僵掉，不敢反抗，"就像一个坏掉的洋娃娃"。在那之后，她一直谴责自己的软弱无能，后悔当初没有反抗。

但是医生对她说："亲爱的，被性侵，不是你的错，你依然是美丽、纯洁、不染纤尘的女子。那天晚上周围没有人，如果你挣扎呼喊，会激怒侵害者，产生更严重的后果。亲爱的，你用那种方式，保全了自己的生命，这是比死更艰难的选择，也是更有勇气的选择，我很敬佩你！"

一如既往地爱自己，支持自己，相信自己，你就拥有了健康的免疫系统，形成了强有力的屏障，保护自己免受伤害。别人的言行之所以能伤害到你，是因为经过了你的认同而进入你的内在世界。

请尽量照顾自己的内心感受，不要为了他人的看法而自责。因为我们改变不了过去。只有不再执着于过去的伤痛，才是自我疗愈的开始。

诗人林婉瑜有一首小诗：

"我也是被爱的/被整个世界所爱/被日光所爱/被层层袭来的海浪所爱/被柔软适合躺卧的草地所爱/被月光以白色羽绒的方式宠爱/被夏夜晚风这样吹袭/几乎要躺在风的背面一起旅行/虽然经常/孤独地哼歌给自己听/我是世界的孩子/有人喜爱的孩子"

你所经历的这些痛苦，绝不是你的过错。你的未来依然明朗可爱，你永远值得被爱。

朋友的背叛，重要的不是原谅而是放下

当你把秘密告诉朋友，并期待他们能守口如瓶时，却发现他们将这些秘密泄露给了其他人，你感到十分失望和伤心。在这样的时刻，你开始怀疑自己的判断力，也会对人际关系产生不信任感。

明明当初说好是为了兄弟两肋插刀的铁哥们儿，现在却插了兄弟两刀。当我们遭遇朋友背叛时，愤怒与伤痛常占据整个心灵。我们或许会长久地沉浸在往昔的回忆里，不断自问当初为何会对此人寄予信任。想要原谅却又不甘心，想要报复却又不值当。

在电视剧《少年派》中，林大为在公司裁员时苦于找不到下家，在他着急的时候被自己的好哥们儿"引荐"进了一家皮包公司。结果公司跑路，他也被连累进派出所。林大为想要原谅朋友，但他又实在很痛苦，在众多的压力之下日渐颓废。

随着时间流逝，你的心里可能会慢慢地好受一点，但你很难忘记友人曾经的背叛。当夜深人静的时候，你浏览着曾经的聊天记录，这个背叛过你的人，就像一根刺深深地扎进心里。不见伤口，但隐隐作痛。

接纳一个背叛过自己的人，只能在两个人此刻的状态下持续"向前"

发展，但已经有了隔阂和愧疚的两个人不可能像以前一样感情深厚，不可能像以前一样无所保留，这种"向前"只能保持在表面上。

其实，你不一定非要逼着自己原谅对方，我们又不是圣人，很难做到这么宽宏大量。最重要的是，我们要放下那些对背叛的怨恨，放下过去，也是饶恕自己。

卢梭年轻时和一个姑娘恋爱，他们相处一段时间后决定订婚，卢梭非常高兴。但是在订婚宴那天，他的女朋友却带着另一个年轻人对他说："对不起，我觉得，我们在一起不会幸福。"

很快，整个小镇都知道了这件事，卢梭感到非常丢脸，就逃离了这个小镇，远走他乡。

在外30年，卢梭写出了《忏悔录》《爱弥儿》《社会契约论》等著作，成为全欧洲著名的思想家。当卢梭再次回到这个小镇时，有人问他："你还记得30年前那个离你而去的姑娘吗？"

卢梭回答："怎么会忘呢？我们当时都已经决定订婚了。"

"当初她在订婚之日公然反悔，让你丢脸了。后来她自己也没有得到好下场。这些年来，她的生活一直处于贫困潦倒的状态，要不是她的亲戚接济她，她只能到街上去乞讨。"

"如果这是真的，我很难过。我这里还有一些零钱，可以请你帮我转交给她吗？还有，请不要告诉她这是我给的，我怕她拒绝。"

"你难道对她就没有一丁点的怨恨吗？订婚时，她因为那个人拒绝了你，可是让你在镇上丢尽了脸。"

"那已是30年前的往事，若我长久以来对她心怀不满，那我岂不是在这怨恨中度过了漫长的30年？这对我又有何益处？就好比我拎着一斤腐烂的肉去拜访你，那一路上的臭味，不也是对我自己的惩罚吗？"

放下不是遗忘，而是勇敢地去面对。我们那些苦涩的情感会随着时间的推移而逐渐消散，那些愤怒的情绪也会慢慢减轻。不逃避、不抗拒情感变化的每个阶段，我们才能勇敢地经历并从中寻找自我释放的路径。通过自然的情感过渡和情绪处理，我们将实现内心真正的解脱和平静。

经历背叛之后，面对伤害过我们的朋友，是否原谅他不重要，是否放过自己才是我们需要认真考虑的问题。不要用愤怒继续委屈自己，也不要用惩罚对方来牵连自己。大不了换一个朋友，我们在人海中穿梭，总会遇到真心相待的至交好友。

我们如何放下对朋友背叛的执念，走出痛苦呢？

1.告诉自己：最疼也就是这么疼了，接下来就该是伤口愈合的时间了。

2.审视自我：除了责怪朋友，我们也需要审视自己是否有一些问题或者行为给了朋友出卖自己的机会。找到这些问题，我们可以防止类似情况再次出现。

3.放弃幻想：有时候，我们希望朋友能够意识到自己的错误，然后道歉并改正。但是，如果朋友没有这种意愿，我们应该放弃这种幻想，并认识到这样的人不值得我们的信任和友谊。

我们的一生很难保证一切都不会变，能做的就是尽量在变故发生时，把自己的损失降到最小。无论原谅与否，我们过得好才是最好的答案。

曾经的不公和不幸，就埋在过去吧

巴尔扎克曾说："人生不能忘记许多，生活便无法继续。"可是我们曾经遭遇的不公就像刀刻斧凿一样在我们的身上留下深深的痕迹，我们忘不掉，挣不脱，过不去。

一些奖项还没有被普通学生看到，就已经被学生会干部内定了个干净；竞争晋升职位时，明明自己业绩和能力都更出色，但因为对方和大领导关系好，自己落选；家中姐弟二人，父母只让姐姐照顾弟弟、让着弟弟、帮衬弟弟。

我们遇到这些不公平的事情，难免想要发火、想要憎恨、想要埋怨，觉得自己不蒸馒头也要争口气，但是这些都解决不了面对的不公。我们总会遇到各种各样、大大小小的不公，这个世界就是这样。梗着脖子不服输，不撞南墙不回头，最后受伤的还是自己。在深渊里挣扎，在痛苦里挣扎，这是多么难受的一种状态。

我们无法改变这些不公，但这些不公在不同的人身上会有不同的结果。从落后地区考进北大的女孩王心仪，在《感谢贫穷》一文中写道："感谢贫穷，你让我坚信教育与知识的力量……感谢贫穷，你赋予我生生不息的希望与永不低头的气量。"尽管不能获得更好的教育资源、不能拥有更好的环境,但她可以在学成归来后用自己的努力改变这些。

诗人泰戈尔曾说:"你的负担将变成礼物,你受的苦将照亮你的路。"我们不能决定未来可以拿到什么牌,但我们可以决定如何打出这把牌。即使我们的条件不公平,但公平的是每个人都能选择奋斗,并不是说处于不公平地位的自己,努力就没有意义。我们只有付出更多努力,才能跳出自己所在的环境,在更大的舞台上展现自己。

与其一直对不公平的事耿耿于怀,不如想想自己比较幸运的地方。作家莫泊桑曾说:"生活,不可能像你想象得那么好,但也不会像你想象得那么糟。"有时候我们可能觉得"天塌了",但实际上或许没有我们想象的那么糟糕。

作家刘墉曾经遇到一个小女孩向自己哭诉,她说她成绩很好,小学毕业时,她本来可以凭借自己的能力得到一项梦寐以求的荣誉,这个奖项学校只有两个名额,但她被挤掉了。

他问小女孩,挤掉她的是谁。一个是当之无愧的第一名,另一个则是一位患了脑瘤的同学。

小姑娘边说边哭,十分委屈,她认为这个世界很不公平。

受小女孩情绪感染,他就陪着小女孩一起哭。哭完,他对小女孩说:"你要想想,那个得脑瘤的学生,才12岁,就得了这么严重的病,动过好多次手术,能有这个成绩,太不容易了!就成绩而言,你成绩更好,他成绩比你差,没把奖颁给你却颁给了他,确实不公平。可他年纪这么小就得了脑瘤,老天是不是对他也太不公平了?你要多想想自己幸运的地方啊!"

人人生来就是不一样的,只要有不一样,就会有不平等,有不平等就会有不公。如果我们纠结这些不公，我们就会背上沉重的包袱，放不下的不公越多，就会越累，越无法前行。我们放下得越早，越坦然面对这些不公，我们便有更多的时间和精力花在自己身上。

慢慢地，我们会发现，当我们凭借实实在在的本事升职加薪之后，没人会关心我们和领导有什么关系；当我们在台上侃侃而谈时，大家更关心的是数据、是方案，而不是我们的家庭背景；当我们展现出自己学习的新技能时，大家不会在意今天我们穿的鞋和衣服有多贵。

或许我们始终对曾经发生的事情耿耿于怀，如果我们面对那些不公还是感到迷茫和委屈，可以想想下面的话。

1.将我们遭遇的事情和情绪大声喊出来，不要憋在心里。

2.认真总结那些不公带来的经验教训，比如，家里没有能力给我们安排工作，在我们尝试不同的工作时，收获的都是宝贵的经历。

3.如果遇到买东西缺斤少两、出租车漫天要价这类不公平，拨打热线电话投诉，或者去当地政府投诉渠道反馈。

我们所遭遇的那些不公和不幸，并不能使我们坠入谷底。过去的苦难早已被时间埋葬，没有力量战胜现在的我们。当下的发展才是我们需要把握住的。

意外伤害带来的痛苦，如何接受命运的脱轨

现在我们所经历的一切都会成为过去，最强劲的风暴也会归于平静。不论我们是正在经历分手、失业或者失去挚爱，生活总会回归正轨，只是需要时间来疗伤。

生活中，当变故突然降临，我们常常会感到被无尽的痛苦所包围，仿佛被一座沉重的山峰压得喘不过气来，徘徊在绝望的边缘。

在电视剧《大江大河》中，怀孕的宋运萍在干活时不小心跌倒，引发大出血，抢救无效离世。弟弟宋运辉知道后悲痛欲绝，责怪自己占了姐姐的大学名额。宋运辉认为，如果当初上大学的是姐姐，她就不会去经营生意，如果她没有辛辛苦苦地经营生意，也就不会出事了。

遭遇意外，人的一切将被迫暂停。无论我们最初在做什么，想要做什么，都只能停下生活的步伐。也不论我们愿不愿意，做没做好准备，也许惊慌失措、也许刚强坚毅，但我们都会处在伤害中，承受危机之苦。

有的人很难从这些苦痛中走出来，主要是因为他们很容易放大自我受到的创伤，甚至有的伤口随着时间的推移，愈变愈大。或许这个伤口本身没那么大，但是他们会在往后的日子里，反反复复地提到这个事情，使这

第一章 伤痛翻篇：人生实苦，放下才能重生

个伤口越来越大。

剧作家莎士比亚曾说："在灰暗的日子中，不要让冷酷的命运窃喜。命运既然来凌辱我们，我们就应该用处之泰然的态度予以报复。"凡是过往，皆为序章，聪明的人绝不会为了这些伤痛坐下来哀号、停滞不前。

一支探险队在勇攀一座非常险峻的雪山。

突然间，队长不幸踩空，整个人开始急速下坠。他本可以发出一声惨叫，但他深知一旦出声，不仅无法挽回自己的生命，还可能引起队友的恐慌，导致连锁反应，危及整支队伍。

于是，他紧咬牙关，忍受着巨大的痛苦，没有发出任何声响。就这样，他在无声无息中消失在了深邃的山谷之中。

这一幕被一名队员目睹，他也本可以惊声尖叫，但多年的历练让他明白，这样做不仅无法拯救队长，反而会惊到其他队员。于是，他强忍着心中的悲痛，继续向上攀登，可他的眼泪不由自主地沿着脸颊滑落。当队伍成功登顶雪山时，他们才惊觉队长不见了。这名队员将事情的真相如实告诉大家，所有人都沉默不语。

这支探险队是一支非常优秀的队伍，因为他们面对死亡时可以做到坦然与从容，无论是自己的离去还是队友的不幸，他们都能以坚定的信念和非凡的勇气去面对。

意外随时都会来临，就像我们的舌头和牙齿配合得那么默契，有时也会被咬伤。但是当我们用从容的心态面对时，至少事情不会变得更糟糕。过分在意过去那些满是创伤的经历会将我们的理智吞噬，会蒙蔽我们的双眼，会使我们看不见清晨初升的太阳和春日初开的花朵。但值得庆幸的是，这所有的一切并非不可改变，只要我们心里住着一个太阳，总有一天它的

光芒会驱走黑暗。

苏轼一生三起三落,他几乎被迫走过了大半大宋国土,他的妻子和孩子离他而去,阴阳两隔,但他却把波涛汹涌的生活过得波澜不惊。在黄州时,他写下了"竹杖芒鞋轻胜马,谁怕?一蓑烟雨任平生"。在杭州时,他研究出了多道美食,流传千古。走过平湖烟雨,踏尽山河峰泽,一路劫数,一路惊险,历尽沧桑,尝遍人生百味后,才明白世界是自己的,与任何人无关。人生最曼妙的风景就是内心的坦然与从容,"小舟从此逝,江海寄余生。"

拥有像苏轼一样不惧伤痛、勇敢面对生活中各种糟糕感受的心态,我们就不会为了对过去的遗憾或对未来的担忧而浪费现在的时光。我们就能明白过去已经无法改变,未来还没有到来,唯有把握现在的每一刻,才能真正地享受生活带来的美好。如此,我们便不会被过去的失败或未来的担忧所困扰,而是全身心地投入当下的生活中,充分地体验每一个瞬间。

面对命运的捉弄,想要拥有不惧伤痛的心态,我们可以试试下面的做法。

1.假如自己很痛苦,无法走出来,那就试着去帮助别人,做一些力所能及的善事,来转移自己的注意力。比如去学习一些急救知识;考取一个救护员证;认真了解医疗设备是怎么用的;在地铁公交上遇到行动不便的人时,帮他们上下车。

2.我们绝不是孤身一人,抬起头,看看周围,去寻求亲人朋友的支持,不要再一个人苦苦支撑,他们一直在等着我们倾诉,在期待我们去找他们帮忙。

3.有时候做一只蜗牛也不错,屏蔽那些让我们伤心的信息,不再去接触让我们难过的事物，缩回自己的壳里休息一段时间。

戏剧可以重演，但我们的人生不能重来。生命就像一条奔流不息的河流，过往永远也无法重现。无论是风雨还是阳光都已经过去，我们只需好好活在当下，阳光正好，春光无限，暖玉生烟。

遭遇诈骗后懊悔又自责，如何进行心理自救

在诈骗活动中，骗子常常通过初期的精心伪装，向受害者提供大量的情绪价值，在骗到钱财之后就快速抽身离开。受害者意识到自己被骗之后，不仅为失去钱财而痛心，还要独自承受失去先前所依赖的情绪价值之后的茫然和委屈。

"这些钱对我非常重要，是我的全部身家啊！"
"这是我家人的救命钱，家里还等着这笔钱做手术。"
"我要怎么办，我不想活了！"
……

我们被骗后会有一种羞耻感，一方面后悔，一方面又觉得自己会被嘲笑，害怕去报警、害怕面对，最后可能承受不住压力，选择轻生。这种羞耻感，也可以叫作病耻感。

病耻感指患者因患病而产生的内心耻辱体验，如精神疾病患者、艾滋病患者、癌症患者等都可能会有病耻感。

病耻感，又分为社会病耻感和自我病耻感。前者是社会公众对患者持有的歧视性态度，后者是因为社会歧视而引发的羞愧、恐惧、自罪等负面

第一章 伤痛翻篇：人生实苦，放下才能重生

情绪体验。相应地，也分为内在体现和外在体现，前者的体现是患者自己产生的自怨自艾、羞愧、憋屈等，后者的体现是社会对患者的偏见、不尊重等。

在电影《孤注一掷》里，阿天经不住诱惑开始网络赌博。他认为自己聪慧不会被骗，一开始果然赢了钱，于是沾沾自喜。后来他忍不住投入更多钱，还不顾女朋友的劝阻，将自己的钱财几乎都投了进去。但是结果毫不意外，阿天输光了。他经受不住刺激，跳楼后深度昏迷，成了植物人。

在意识到自己被诈骗的瞬间，我们的心理反应是非常复杂的。一开始，可能会感到难以置信，不相信自己真的成为诈骗的目标。我们可能会反复检查交流的信息和回顾交易过程，试图证明自己没有被骗。随后会觉得羞愧、愤怒、无助、迷茫、孤独、落寞、焦虑、暴躁、不甘，等等。

晓梅在打游戏时认识了一个男生，为了方便打游戏晓梅就加了他的微信。男生对晓梅说，头像就是他本人的照片，还给晓梅发了几张"自己"帅气的生活照。

男生不仅和晓梅一起打游戏，还逐渐对晓梅的生活关怀备至。一想到这么帅的男生每天如此关心自己，晓梅就觉得很开心。过了一个多月，他们就确定了恋爱关系。

男生连续几次送晓梅大牌口红，晓梅开心之余又有点不安，担心男生太破费了。但是男生告诉晓梅，自己投资了一些理财项目，稳赚不赔，所以才有钱给她买那么贵的口红。

在男生的介绍下，晓梅也有些心动，她向男生要来投资平台的名字和链接，自己试着分两次各投了5000元。收益到账后，果然小赚了一笔。

在男生的不断怂恿之下，晓梅和男生一起在这个平台上投了50000元，作为日后的恋爱经费。但等晓梅想要提现时，却发现平台出现故障无法提

现，而晓梅去找男生询问时却发现自己被他拉黑了。

在心理学中有一个登门槛效应，指的是你一旦接受了别人一个小的请求，由于你不想破坏自己在对方眼中的人设，你就会想办法完成对方提出的比之前更大的请求或者要求。就这样，你会发现，对方的要求越来越难以满足，直到你无法承担为止。

当你被那些小恩小惠引诱时，你最好提高警惕，确认对方是不是骗子，否则最后很可能会被骗得人财两空。

能及时识破骗局是最好的，如果当时没有识破骗局导致被骗，我们只能用一些方法平复心情。

不要陷入自责的旋涡

诈骗是一种比较常见的犯罪行为，它不会因为你的智商高、经验丰富或者警惕性高而放过你。自责的情绪会给我们带来更多的心理负担。要记住，诈骗者用各种手段引诱你，你没有错，你不应因此自责。

学习反诈知识

我们可以通过阅读相关书籍、文章，参加防骗讲座等方式，增强自己的防骗意识，努力做到不轻信、不透露、不转账。如果发现被骗，要及时报警。一旦接到全国反诈专线96110的电话，一定要立即接听。务必安装注册国家反诈中心应用程序。

向别人倾诉

我们在经历挫折时，有时会感到孤独。寻求亲朋好友或社区的支持是很重要的。与他人分享我们的经历和感受，可以帮助自己减轻心理负担，并获得理解和支持。同时，参与互助团体或社区的活动，可以让我们与有相似经历的人相互倾诉，共同应对挫折。

调整心态并非易事，但请相信我们会渐渐走出困境。也要相信我们的心理有自愈功能，让时间慢慢去缓解自己的心情，去反思以及总结，回归正常的生活。

留得青山在，不怕没柴烧。我们不要把"被骗"过分灾难化，也不要过分给自己施加重压，因为我们在这种高压状态下，很难把事情做好，包括工作与生活。

报复坏人的最高境界，是让自己过得更好

哲学家尼采曾说："与恶龙缠斗过久，自身亦会成为恶龙。凝视深渊过久，深渊将回以凝视。"我们被仇恨浸泡太久，心脏也会变得漆黑无比。

在人生的旅途中，我们难免会遇到一些讨厌的人，特别是那些曾对我们造成心灵创伤的人。在某些时刻，这些人可能会激起我们内心深处的恶意，甚至让我们产生一些极端的报复念头。但是，报复一个人往往会让自己迷失在仇恨中，得不偿失。如果长期仇恨那些伤害我们的人，只会使我们自己痛苦。

在金庸小说《笑傲江湖》中，林平之原本生活在富商之家，家庭幸福美满。但他家因为祖传的剑谱被毁灭，林平之背负血海深仇，拜入名门学艺。他所信任的师父却暗中算计他，恨意滔天的林平之在和师父的女儿成亲之前选择了挥刀自宫，以练成剑谱，并开始了一段有名无实的婚姻。林平之最终大仇得报，但他付出了瞎眼、破相、重伤、终身残疾的惨痛代价。

心理学上有一个"野马定律"：在广袤的非洲草原上，一群野马在悠

闲地觅食。突然，一只嗜血的蝙蝠俯冲而下，趴在其中一匹野马的屁股上准备吸血进食。受惊的野马开始疯狂地跳跃、甩尾、嘶吼并狂奔，试图摆脱趴在自己屁股上的蝙蝠。然而，随着时间的推移，这匹野马最终还是倒下了。许多人以为它是因失血过多而死，但动物学家经过仔细研究后发现，蝙蝠造成的实际伤害微乎其微，野马的死亡其实是因为它无法控制自己的情绪，最终害了自己。

伤害我们的人，多半没有到十恶不赦的地步，也没有危及我们的生命，但我们就像野马一样，暴跳如雷，导致每一天都不好过。

季羡林在《一生自在》中说过："如果不能忘，那么痛苦会时时刻刻都新鲜生动，时时刻刻剧烈残酷地折磨你，不如放下，淡漠、再淡漠、再淡漠。"与其耿耿于怀，倒不如当作无事发生。既然很多事情改变不了，就要学会接纳。如果别人的伤害是一种压力，我们可以把它变成一种动力，让自己更加努力，勇往直前。你足够优秀，超越了他，实现了自己的"抱负"，就是最好的"报复"。

与人争执不过是无能狂吠，用实力捍卫自己，才能使别人忌惮三分。任何时候都别忘记努力，这才是我们立于不败之地的底气。

活出精彩的人生，就是对仇人最大的蔑视。永远向上走，说明我们没有被击垮。与其满足看不惯你的人的期待，不如在薄情的世界里深情地活着。我们应永远保持向上的势头，充满倔强，绝不服输。别低头，皇冠会掉；别哭泣，坏人会笑。

要想让自己强大起来，活得更加灿烂，我们要时刻记得下面这些话。

1.在自己擅长的领域深耕下去，将自己的优势发挥到最大。比如，自己的语言能力很强，那就多学一门外语；自己的立体感和空间感很好，那就试试画画。

2.学一些简单的理财手段,让自己变得更加有钱。比如,拿出一部分闲钱存定期,将自己的收支账单列清楚,看中一个东西时不要立刻购买,过几天再想想是不是真的想要。

"曾经的我你爱搭不理,现在的我你高攀不起。"报复一个人,就应该这样做,让自己越来越好,让仇人对我们羡慕忌妒恨。

幸存者的痛苦，如何完成自我救赎

活着，是自己去感受活着的幸福和辛苦；幸存，不过是旁人的评价罢了。

经历过战争，平安回家的士兵；在学校大规模枪击案中，一名幸存的少女；下岗潮中，未被解雇的职员；致命交通事故中，幸免于难的司机。重大伤害之后的幸存者，往往活在痛苦之中。

在电影《勇往直前》中，布兰登是一名消防员。在一场突如其来的大火中，布兰登因被派去观察火情，与队友们分开先行下山，但他的19名队友被困在山上，最终因没有得到及时救援葬身火海。布兰登成为唯一存活的人。

布兰登一直质问自己"为什么是我活了下来"，甚至认为任何一位队友活下来都比自己活下来更好。

"只有我活下来，我感到很抱歉。"

"我眼睁睁看着妈妈倒在我面前，就这样离开了我，我却什么都做不了。"

"为什么死去的不是我？"

这种心理现象被称为幸存者内疚。

它指的是那些在苦难中幸存下来的人,并没有像人们所期望的那样过上幸福快乐的生活,相反,他们一直在承受着痛苦的煎熬。这种痛苦主要由内疚和自责构成。在自然灾害、恐怖袭击、战争、空难等各种灾难中,常会出现这种情况。

心理学家阿西姆·沙阿博士说:"幸存者内疚可能会在创伤一年后,甚至几年后发生。悲伤对每个人来说都是不同的,你不能给悲伤设定一个期限。"它可以持续数月、数年,甚至一生。

让幸存者感到痛苦和内疚的原因主要有3个。

1.别人面临生命危险,但自己却平安无事。

2.觉得自己没能做到某些事情,比如看到那么多人的生命受到威胁,自己却无能为力。

3.曾经做过某些事情,比如我们认为自己独自离开某个地方的行为,是"遗弃"了自己的家人的行为。

许多困在幸存者内疚里的人,会不断地对自己进行道德批判,下意识主动承担更多责任,甚至会通过放低自己,或答应其他人的要求来减轻自己的内疚感。所以,越是道德感强的人,越会陷入对于事件的内疚、自责、焦虑、抑郁等情绪之中。而且因为意志消沉,失去动力,情绪一直低落,身体甚至会出现不明原因的不适。

然而,生的力量不仅在于能够从磨难中挺过来,还在于在之后表面风平浪静的生活里,如何处理内心的波涛汹涌,活出更好的自己。

在2008年汶川地震中,雪君失去了她唯一的孩子。哪怕已经过去了这么久,雪君依然无法忘却那天的丧子之痛。

"我一想到他还那么小,地震时被倒下的墙壁压着,那会多疼啊!为

第一章 伤痛翻篇：人生实苦，放下才能重生

什么死的那个不是我呢？为什么最后是我被救出来了？为什么我不能替他受这个罪？"

"大家都很痛苦，为了大家着想，我必须控制自己的情绪。我们已经失去宝宝了，不能让整个家变得更糟糕。"为了缓解自己的情绪，雪君和丈夫开始参加政府举办的心理援助活动和各种讲座，他们认识了很多有类似经历的人，他们在一起鼓励着彼此。渐渐地，他们对逝去宝宝的话题不再避讳。

"虽然现在一想起来还是会难过，但换个角度想想，他曾经一直是我们的开心果，要是他还在，也不希望爸爸妈妈每天哭着过日子。"几年后，雪君有了她的第二个宝宝。

"二宝跟大宝长得有点像，但是比大宝小时候还要圆润一点。我现在每天下班都想多陪宝宝，对他也格外用心。"雪君说，"其实我还挺幸运的，起码我的家人朋友都在爱着我。"

跟宇宙之大、之久比起来，每一个生命都是一场短暂的、有限的体验，都带着特殊的使命，也一定会留下独特的意义。生者的内疚，于离开的那个人而言，没有任何意义。唯有活出独一无二的"我"，才是对自己生命的不辜负。从无到有，再到无，殊途同归。

如果一直无法从身为幸存者的痛苦自责中走出来，不如试试下面的办法。

1. 参与社会公益活动：做公益能够帮助我们重新建立价值感，无论多么微小的事情，都能证明我们的"幸运"会创造更多价值。

2. 构建自我原谅：我们可以找个安静的地方让自己静下来，想象对方就在面前，然后把积压在心中许久的愧疚和相关的想法统统表达出来。表达完之后，想象自己变成了对方，去感受当对方听完我们的表达后会有什

么感受和想法。就这样来回地沟通，直到对方表示原谅，同时你也原谅自己为止。

3.倾诉自己的痛苦：我们可以将自己内心深处的想法适当暴露给能够不带评判倾听的人，如果对方能深深理解我们并给予心灵抚慰，会有利于我们疗愈内心的创伤，从而消除内疚感。专业的心理医生是一个不错的选择。

我们永远不要因为自己过得好而感到对不起别人。因为爱护自己是天经地义的事。有时虽然深感遗憾，但我们只能先保护好自己。每个人都先保护好自己，才是最有效的降低可能伤害的方式。

要知道，即使我们的余生对自己来说似乎无足轻重，活下来也没有罪过。无论何时，人能感受到活着的时候很高兴，本身就是一件很棒的事。

第二章

社交翻篇：消耗你的人，果断远离

聪明人从来不在无效社交上浪费时间

生活中，我们总会遇到各种各样的人，但并不是每个人都能成为我们的朋友。远离那些毫无意义的社交，清理自己的生活圈和朋友圈，是一种人生智慧。

相信你对这样的场景并不陌生。

跑到所谓"大牛"聚集的饭桌上，跟一群陌生人嘘寒问暖，客套个不停。毕恭毕敬地向别人敬酒，找机会让别人加你的微信，但是三天后你再联系他，他却记不清你是谁……

因为怕得罪同事，即使没必要也会认真回复每一条信息，每一封邮件；即使不乐意也不敢拒绝同事娱乐、逛街的邀请……

你是否也在这样的无效社交上耗费了太多时间和精力？明明自己很累，可又觉得多积累人脉有利于自己日后的职业发展，不得不应付这一类的社交活动。

事实上，我们不必把太多人请进生命。社会心理学家曾就"一个人一生中同时交往的朋友数量极限"为主题，做过相关研究。结论是10个、30个、60个。所谓10个，指的是你陷入困境时，把身边所有亲朋好友都算上，愿意无条件帮助你的不会超过10个人。而这10个人便是你真正的朋友。所谓30个，指的是你熟知的、偶尔会联系的朋友。比如你高中时期的同学，大学时期的室友，前同事等。所谓60个，指的是那些关系最淡、只能算得上点头之交的朋友。比如，你在某个场合认识了某人，互相加了微信，但没什么事就不再联系了。

朋友这个概念是很宽泛的，你哪怕精力再旺盛，也很难同时交往超过100个朋友。其中，能稳定交往，互相给予支持和帮助的真朋友更是寥寥无几。如果我们将时间浪费在维护60多个"流动"的朋友身上，哪还有时间和精力去实现自我职业规划？

精英们对社交的意义和作用有明确的理解。所谓社会交往，无非是交往双方社会资源的交换。而在你没有掌握真正有价值的社会资源之前，你所认识的朋友要么是点头之交，要么是酒肉之交。等你真正有需要的时候，能帮上忙的少之又少。

我们该做的，是拒绝无效社交，更不要主动发起无效社交。在摒弃无效社交的同时，我们要积极地建立有效的社交圈。

创造互惠价值

试想，社交场上别人是怎么介绍你的？"他是我的朋友。""她是一个很安静的女孩。"……

别人又是怎么介绍那些优秀人士的？"她是资深导演，作品很多。""他是业内知名的摄影师，拿过摄影大奖。""她经营了一个公众号，很多文章都超过10万转发。"……

如果你的职业方向是科研、艺术、创作等领域，或者从事的是技术、设计型工作，你其实不必主动去寻找社交渠道。因为有些职业、行业、领域要靠绝对的实力来展示自己。你首先要将你擅长的事做到极致,在专业领域深耕,把自己变成能为他人提供价值、值得别人交往的人。

减少无效网络社交

是不是哪怕平时再忙,你也会见缝插针地在网上和好友聊天?不忙的时候,你是不是恨不得整天泡在各种会话组里,在各种同学群、好友群里插科打诨?但其实,互相之间聊的那些话题都很琐碎、毫无营养。这种网络社交毫无质量可言。

或许我们无法完全杜绝网络社交,但可以精简社交关系,从而减少无效信息对我们的干扰。比如,屏蔽不太熟悉的人;退出没有必要的群组;将群组消息设置成免打扰;将工作和生活使用的社交工具分开;只在特定的时间段进行网络社交,将大部分时间和精力都用于工作等。

利用高质量的社交活动,帮助自己求职、晋升

如果你从事的是销售这一类需要同人打交道的职业,就要想方设法地去寻找一切进行有效社交的机会,为自己获取资源、获得请教机会而努力。

1.与其挤破头去参加一些大型宴会,不如去参加或举办一些行业小聚会。将人数控制在10人左右,这样更能深入谈论话题,加深友谊。

2.在自己主办的聚会或酒会中,如果你对其中一位或几位对象十分感兴趣,一定要给他们足够的尊重。举办前,诚挚地邀请他们参加。聚会时,让对方以贵客、特邀嘉宾或老师的身份出席。介绍对方时,尽量详细具体,让对方感受到你的诚意。

3.在某个公开场合认识某个重要人物后,不妨在第二天利用微信等工具主动与对方私下攀谈。只因公开场合的结交总会受到时间、场合的限制,导致双方的交流无法深入展开。

成年人的世界，只筛选不改变

一位玉器师傅在采访中曾告诉记者，制作玉器有诸多工艺，但选材这一步至关重要。因为再高超的雕刻工艺，都无法改变一块玉石的质地。

我们明明每次都告诉朋友不要迟到，但对方还是迟到了，自己很生气。我们想要改变伴侣的坏习惯，却怎么都改不过来，最后两个人都筋疲力尽，甚至因此分手。

其实，我们出生时都只是一张白纸，后期画上什么，自己就会成为什么样的人。如果我们的父母经常吵架，自己就会变成脾气暴躁缺乏安全感的人；如果家庭和谐幸福，我们就会成为友爱善良的人。

大家之所以成为现在的自己，都是环境和经历的具化和显现，看似偶然，实则必然。一个人经历的人和事，可以决定他的思想和认知，其实我们就是这些认知的代言人。比如，一个人学习数学，那么他脑子里就是数学知识；一个人学习音乐，他的思想就和音乐知识有关。这样的认知、秉性逐渐形成之后，很难再改变。

如果我们只是想要满足自己的偏好，那么完全不必去说服别人改变，也不需要让别人来说服自己做出改变。有人说："不要参与他人的因果，

翻篇是一种能力

不要扰动他人的气数。否则，损耗的是自身，你度不尽天下人。故医不叩门，师不顺路，法不轻传；不问不说。"三观不同，不必强融。

我们在生活中能够接触的人非常有限，不是每个人都能走进自己的世界。我们只需筛选出和自己同频的人——这些人这辈子都寻找不完，根本不用费尽心力改变身边的人。我们只筛选不教育，只选择不改变，不必强行扭转他人的认知。

在电视剧《了不起的麦瑟尔夫人》中，米琪留意到她的朋友竟然在表演中原封不动地搬用了同行的一段脱口秀台词。

最初，她以为这不过是个小插曲，只要自己稍加提醒，朋友定会立即改正。

谁料，朋友只是轻描淡写地回应："大家都这么干。"

在他看来，一个段子的借用不过是演出的一部分，只要能展现出自己的个性就行，谈不上抄袭。

为了扭转朋友的观念，米琪每逢碰面都不忘提醒，警示他若被冠以抄袭之名，声誉恐将毁于一旦。

可是，朋友的态度日益恶劣，乃至开始对她恶语相向。

事情发展到最后，朋友竟然在她的私生活中寻找素材，编排进自己的脱口秀中，公然对她进行嘲讽和诋毁。

为了挽回自己的名誉，米琪四处奔波，却整整半年未能获得一次登台的机会。

这一系列的挫折让米琪深刻认识到，试图去改变一个人的核心观念是何其困难，甚至可能给自己带来伤害。

自己不醒悟，他人如何度？能说服一个人的，从来不是道理，而是南墙；能点醒一个人的，从来不是说教，而是磨难。如果对方根本意识不到自己的问题，那你主动热心地帮助对方解决问题也未必有好的结果。

正如作家毕淑敏所言："用心选择合适的人，而不是为不合适的人费心劳神。"成年人所能改变的只有自己。所谓事不强求，人不强留。每个人都活在自己构建的世界中，我们筛选志同道合的人交往足矣。想要筛选志同道合的人，可以试试下面的办法。

1.我们可以加入和自己兴趣相关的俱乐部、组织或社交媒体群组，与有相同兴趣的人一起交流、分享和学习。

2.想和一个人交朋友，先观察一下对方周围都是什么样的人，看看对方的朋友都是什么性格和秉性。俗话说得好："物以类聚，人以群分。"

3.通过分享自己的经验、知识和成就，我们可以吸引那些对我们所从事工作感兴趣的人。

如果认为对方不是合适的人，筛选掉就好，不要去抱怨与诋毁，也没有必要尝试改变别人，否则可能劳心伤神还得不偿失。翻开人生的下一章节，开始我们新的生活，最后一页一定花开万里。

想有钱，先远离消耗你的圈子

《增广贤文》有言："有茶有酒多兄弟，急难何曾见一人？"酒肉朋友与我们只有利益关系，待到我们处于低谷时，这些酒肉朋友便作鸟兽散了。

荀子说："蓬生麻中，不扶而直；白沙在涅，与之俱黑。"圈子的质量，往往决定了我们的人生质量和高度。倘若我们总是在一个投机取巧、好逸恶劳、浑浑噩噩的圈子里跟别人厮混，甚至做了一些伤天害理的事，那么，自己只会落得一个良心败坏，甚至锒铛入狱的下场。

好的朋友如三月春风，四月花开，暖人心田，沁人心脾。好朋友会教我们正确取舍，帮我们渡过难关。我们会发现，因为有了一个好朋友，生活变得丰富又多彩，自己的未来充满希望。但是，如果我们结交了一个损友，那么他扭曲的价值观就会污染我们的精神世界，轻则让自己生活不顺，重则可能走上犯罪的道路。

我们的身边总会有一些消耗我们精力和时间的人和事，比如朋友带给自己的负面情绪、无聊的娱乐活动、无意义的社交，等等。如果我们被它们占据了时间，就会陷入被动。

消耗我们的人，不仅浪费我们的时间，还会伤害我们的情绪与身体。而人的生命只有一次，千万不要把它浪费在消耗我们的人身上，阻碍自己前进的步伐。

君子之交淡如水。真正值得珍惜的朋友，真正称得上知己的朋友，他会跟我们保持适当的距离，不会因为一点鸡毛蒜皮的小事就麻烦我们，更不会每天缠着我们吃喝玩乐。

如果我们身边总是围绕积极向上的人，他们每天都在讨论让人感兴趣的话题，这种氛围会带动我们朝着更美好的方向努力。我们也会不断提升自己，对自己提出越来越高的要求。

曾经有一个年轻人想要成为一位高僧，但是他身边围绕的都是狐朋狗友，这让他不得安宁。

一天，他来到一位禅师面前，寻求修行的指导。

禅师对他说："首先，你需要远离那些过去的朋友，寻找一位杰出的导师，跟随他的指引，这样才有可能取得成功。但是我现在有更紧要的事务，无法帮助你。"

因此，年轻人四处寻找，终于找到了一位愿意指导他的老和尚。然而，老和尚却对他说："你来得正好，我正需要一位年轻人来协助我修复庙里的主殿。"

年轻人感到非常失望，认为自己走了这么久的旅程完全是徒劳。尽管如此，他还是留了下来，协助老和尚。

在修复工作中，他掌握了许多知识和技能，同时也意识到了自己的不足之处。老和尚对他关爱有加，给予了他许多指导。最终，这位年轻人成为一位高僧。

鸟随鸾凤飞能远，人伴贤良品自高。当我们进入一个优质的圈子，就会获得快速成长。遇到的良师益友可以带领我们穿过幽暗的狭长的水道，到达一个我们以前不能到达的水面，这样我们的格局就打开了。良师益友是可以引导我们、让我们少走弯路的人，也是可以监督我们、帮助我们少起坏心的人。

朋友虽少，真心就好；圈子虽小，舒服就好。人要学会及时止损，而后才有能力涅槃重生。壮士应学会断腕，我们也应学着离开早已不在同一频道的人。遇到不断消耗我们的人，可以用下面这些方法远离。

1.学会屏蔽负面信息，视而不见，听而不闻。把那些充满抱怨和不满的话当作耳边风，这些人和事不值得我们劳心费神。

2.学会抠门，捂紧自己的钱包。谁的钱都不是大风刮来的，我们要拒绝给别人当冤大头，有时候做一个一毛不拔的铁公鸡也不错。

3.看上去毫无目的、超过4个陌生人的聚会，一般对我们没有太大用处，还消耗我们的时间和金钱，不如不去。

作家杨绛曾说："世界是自己的，与他人毫无关系。"人活着，看开一点，别去沾染恶习，更不要接触那些一直消耗自己的人。如此，才能问心无愧地活在自己的世界当中，不主动伤害别人，也有相当的底气不让别人伤害自己。

需要讨好的关系，不要也罢

君子之交淡如水，关系看似平淡，彼此却始终能够舒服地做最真实的自己。两人相互来往时，没有刻意的忍让与讨好，也能融洽相处。

一直以来，我们都在寻找平等舒适的关系，以为自己只要足够讨好，足够迁就，就可以和别人处好关系，但后来发现并不是这样。

你有没有过这种体会：有时太过敏感，被别人的心情牵着鼻子走，只要对方脸色不对，就诚惶诚恐；遇到别人的请求，从来不会拒绝，唯一拒绝的却是来自别人的帮助；因为过分谦卑，面对别人的质疑嘲笑，总是选择自我怀疑，而不是去反驳对方。

相信很多人都有过这样的体会。日本作家太宰治也在小说《人间失格》里写道："我的不幸，恰恰在于我缺乏拒绝的能力，我害怕一旦拒绝别人，便会在彼此心里留下永远无法愈合的裂痕。"

心理学中有一个概念叫作讨好型人格，指的就是这种情况。在人际交往的舞台上，一个习惯于讨好他人的人就如同一位细心观察的演员。我们敏锐地洞察他人的情感变化，以便调整自己的举止以迎合周围的人。我们全力以赴地满足他人的期望，希望能够营造满意与欢乐的氛围。然而，这种长期的付出往往以牺牲自身的幸福和满足为代价。

电视剧《命中注定我爱你》中，陈欣怡就是一个"便利贴女孩"，当有人需要时，撕下来就能用，不需要时随手乱扔也无所谓。因为不懂得拒绝，欣怡经常帮同事加班赶任务，导致冷落了自己的男友，最后男友抛弃了她。

我们想要讨好别人，有时候是源自我们内心的担忧和恐惧，此时我们想要通过他人的赞许、关爱与接纳来安慰自己。

研究表明，当我们遭到他人的不满或否定时，内心便会被惊慌与不安所充斥。这种情绪可能令我们的肌肉紧绷，心跳与呼吸加速，同时将自己的专注力压缩至一个点上。此时，唯有令他人愉悦才是我们觉得最重要的事。尤其当我们竭力想要取悦却难以取悦某人时，那份惊恐越发强烈。惊恐的加剧让我们的痛苦不断增长，进而使自己想要讨好的渴望越发迫切。

有时候，讨好别人也许并不是出自我们的本意，而是因为缺乏自信。一些人之所以能够成为强者，就是因为自身具备强大的能力，并且有足够的自信。

自信与底气，是一个人能够挺直腰杆的最大因素。一个人自我认知或者社会身份的构建，主要是基于对他人评价和反应的感知。他人对自己的反应为我们提供了最直接的自我反馈。我们希望通过讨好别人来获得认可和肯定，从而满足自己的自尊心，这是过于依赖外部评价体系的表现。面子是自己挣的，不是别人给的。自卑不是我们的缺陷，习惯性讨好也不是，真正的缺陷是不知道采取积极措施解决问题。

好的关系，是我赠你阳春三月，你赠我桃花阳光，是两个人的共同奔赴，而不是一个人的刻意维护。真正想和你相处的人不会委屈你；只有不在乎你的人才看不到你的好，无论你做什么在他看来都不重要。

所有的关系都是互动出来的，我们无须单方面讨好别人。要想改善这种下意识讨好的行为，不再做老好人，我们可以参考下面一些做法。

距离产生美，思念意更浓

最好的关系，是不需要刻意频繁联系的，只需彼此心领神会。即使不会每天联系，但彼此依然会惦记对方。有时一个眼神、会心一笑，就能传递出彼此的理解和默契。很多时候，天天黏在一起并不会使关系更紧密，反而是种相互间的折磨。许多人就因为太过频繁地联系，反而弄得彼此关系非常紧张。

不强行挽留已经破裂的关系

假如对方想要离开，我们也不要死缠烂打，不要觉得对方走了我们的天就塌了。在合适的时间地点相聚，又在合适的时间地点告别，这都是人生中正常的事情。我们所爱的那个人，爱我们的那个人，可能只是自己人生中某一时段的重要角色，过了这个时段，我们的剧本就要重写。

不去承担自己能力之外的事情

比如，朋友看中了一件很贵的衣服，自己明明买不起，却分期付款也要买下来，送给朋友当礼物。请朋友吃饭，对方喜欢吃海鲜，于是去高档餐厅点了龙虾、鱼子酱、佛跳墙。朋友是吃痛快了，但自己接下来一个月就要节衣缩食了。这些超额的消费不但对我们自己是一个很大的负担，对朋友来说也未必是好事。因为我们本身并没有那么强的消费能力，而朋友想要还礼时也很麻烦，总不能还一个几十元的礼物，或者下次请我们去吃街边小摊。

翻篇是一种能力

我们只有学会放下那些表面的联系，才能为真正的友情腾出空间。友好的关系一定是基于双方真诚的交流，而非表面的奉承取悦。当我们用一种轻松自然的态度去对待每一段关系时，就能够收获真挚而持久的友谊。

有人瞧不起你，不必翻脸，但要翻篇

原谅，救赎的其实是伤害你的人；放下，解脱的才是自己。

生活中，我们每个人都可能会遭遇被瞧不起的情况。这些瞧不起可能来自工作中的不公待遇，人际关系中的误解，甚至是网络上的无端指责。

有人说："人性最大的恶，是见不得别人好。"有些人就是见不得别人比自己好，经常在背后诋毁别人；并认为别人的善良就是傻、就是软弱可欺。

面对这些被瞧不起、被欺负的经历，许多人会选择以牙还牙，翻脸相向。但这种做法往往只会让事情变得更加复杂，甚至可能引发更深的矛盾。

还有一些人想要选择原谅，可是那些曾经的白眼和嘲讽又真切地让我们感受到了痛苦。每个人都想在自己的生命里只留下美好的记忆，剔除那些让自己伤心难过、不堪回首的过往。这永远是求而不得的。事实是，被人欺负、被人伤害的痛苦往往比那些快乐的记忆更深刻，更难以抹去。

在心理学中，有一个痛苦记忆增强效应，指的是我们经历的那些痛苦的事情和负面的情绪会让我们大脑中发生一些改变，越想剔除，大脑就越会把这段记忆检索出来呈现给我们，我们就越难忘记。

别人对我们的伤害，无须报复和原谅，但要学会放下。不是口头上的放下，而是在心里彻底地解脱。

对于受过的伤，反击是一种选择，放下也是一种选择。放下并不代表懦弱，而是给自己的心一个出口。放下并不是原谅，仅仅是不让自己把恨作为情绪的主导，还自己心灵的自由。

在电影《芳华》中，因林丁丁的指控，被誉为"活雷锋"的刘峰被冠以"性侵"的罪名。因此，刘峰的整个人生轨迹发生了翻天覆地的变化。

尽管如此，刘峰从未对那段经历心生怨恨。相反，他选择一步一个脚印地走好自己的人生道路，即使身负残疾也过着悠然自得的生活。

时光荏苒，当刘峰在照片上再次看到发胖的林丁丁时，忍不住露出了笑容。那一刻，他那历经风霜的面容上闪烁着光芒。

一念放下，万般逍遥。学会放下，才能够活得潇洒通透，没苦恼；才能够与过往冰释前嫌，在人生路上高歌猛进。在这个世界上，并不是所有的错误都值得被原谅，最值得被原谅、被宽恕、被拯救的人，永远都是受到伤害的自己。

与其被他人的恶语、冷眼伤害，产生精神内耗，一味地折磨自己，不如重新振作精神，做自己应该做的事情。

积极和对方沟通，消除误会

当被别人瞧不起时，我们可以试着与对方进行坦诚的对话，表达自己的感受和想法。在沟通过程中，我们要注意语气和措辞，尽量避免使用攻击性语言。通过积极沟通，我们可以消除误会，增进对方对自己的理解，从而化解矛盾。

被瞧不起时请保持冷静

被恶语相向时，我们要让自己冷静下来，不要被这些话语影响。不妨在心中默念：他们只是在忌妒我的成就，我没有问题，冲动是魔鬼。

很多年前，哥伦布发现了新大陆。回到欧洲后，这件事引起了轰动，连女王都为他举办了庆祝宴会，宴会上来了很多贵族。哥伦布的家庭条件其实比较一般，所以那些贵族都有点看不起他。

一个小贵族说："不就是坐着船一直开，然后找到新地方嘛，谁做不到啊？"还有人说："他就是运气好而已，不就是开船嘛，太简单了吧。"

哥伦布听到这些嘲笑，并没有立刻反击，而是先让自己冷静下来。等到大家都稍微安静了一些，他突然拿起一个鸡蛋问："有人能令鸡蛋站起来吗？"

那些贵族觉得自己很聪明，立鸡蛋这种事对自己来说是小菜一碟。结果一个个尝试后都失败了，尴尬得要命。这时有人不服气地说："哥伦布，你自己试试啊！"哥伦布把鸡蛋的一头在桌上轻轻一磕，鸡蛋竟然真的立起来了！

所有人都惊呆了，之前的嘲笑声全都消失了。大家再也不敢小看他了。

试着从对方的角度思考问题，了解他们的动机和目的。冷静分析找到问题的根源，从而有针对性地解决问题。

感谢那些瞧不起我们的人

当我们将过去的痛苦翻篇的时候，我们是勇敢的。谢谢那些瞧不起我们的人，让我们学会了如何昂首挺胸地生活。是这些嘲笑让我们不再愿意被人践踏，不再沉迷于不合适的圈子。当我们翻篇的时候，我们的未来将持续走高。所以，谢谢那些瞧不起自己的人，让我们有了更加精彩的生活，可以如雄鹰一样翱翔。

三十年河东，三十年河西。来日方长，鹿死谁手，尚未可知。人最忌讳的，就是一朝被蛇咬，十年怕井绳。被人瞧不起，我们就要自己看得起自己，只要我们懂得翻篇，迟早会赢得属于自己的尊严。如果我们像哈巴狗一样，只会努力讨别人喜欢，结果将适得其反。

朋友都是阶段性的，渐行渐远是常态

曾经形影不离，后来却渐行渐远；曾经无话不谈，再见却相对无言；说好同甘共苦，如今却海咸河淡。再好的朋友都是我们人生中的过客，只能陪伴我们一段时间。

大学时期的密友，毕业之后就再也没有联系了，距离把我们拉得越来越远，变成了朋友圈里的点赞之交，抑或变得毫无交集。在职场，我们也会遇到许多合作伙伴和同事。起初，我们并肩战斗，共同追求着公司的目标。可是，随着时间的推移，有些人选择转岗，有些人选择离开，大家逐渐分道扬镳。

在电视剧《人世间》里，周秉昆、肖国庆、孙赶超等六人，因两扇猪肉而结成了"六君子"。他们曾彼此敞开心扉，携手共进，情谊深厚。

岁月如梭，转瞬间六君子曾许下的每年一聚之诺，除却首年外，竟一次都没有兑现。众人之间的距离逐渐加大，吕川更是率先淡出了这个团体。他凭借高考的机会，成功踏入京城学府，自此与昔日挚友断了联系。

吕川说过一句话，很是扎心："既已离去，后会无期。"

友情很奇怪，有时候是"一方有难，八方支援"，有时候是"一方有难,八方点赞",但更常见的是"走着走着,也就散了"。没有几个朋友会跟我们一直保持同一步调前进,走着走着便拉开了差距。成年人的友谊,聊着聊着或许就断了,物是人非,终究是渐行渐远。

即使曾经不分彼此,即使曾经情深义重,再不舍也只能说声"再见",再遗憾也只能挥手告别。

好朋友变得越来越疏远,联系越来越少,多数原因在于彼此的时间安排都很满,彼此之间相隔的距离太远。即使和朋友的关系依旧亲密,也会因为相隔两地,再加上都有了自己新的社交圈子,遇到困难和问题时也只会寻求身边新朋友的帮助。我们都忙于生活,忙于维护新的朋友圈,和旧友的联系也就少了,关系自然就淡了。

两人在建立友情时,常常因为共鸣和相似的世界观而走到一起。然而,时间和环境的变迁会改变一个人,尤其是进入社会后。不同的境遇和认知会导致沟通困难,矛盾逐渐加剧。我们就会觉得对方不再是曾经的知己,关系不再亲近,会觉得话不投机半句多。这种认知的分歧,使得曾经亲密无间的朋友变得越来越陌生。

作家杨绛曾说:"总有一天你会明白,任何关系到最后只是相识一场,大家也都是阶段性的陪伴,那些你放不下的人和事,到最后岁月都会替你去轻描淡写。"在生活中有淡然失去的朋友,也有新的遇见和始料不及的欢喜,自然还会有猝不及防的分离和毫无留恋的散场。

不必耿耿于怀,不必思来想去,不必苦苦挽留,也不必细究对错。坏消息是,没有人会永远陪着我们;但好消息是,永远会有人陪着我们。好好享受这一场场相遇,让我们一起留下更多美好的回忆。

坦然面对离别,接受失去,感恩遇见,不负不欠。成年人最好的关系就是好聚好散,不多纠缠。往后余生,山水不相逢,不问故人长与短。

如果我们与朋友渐行渐远，我们该怎么办呢？

关注彼此的成长，认真祝福对方

纵使情谊已非昔日般深厚，我们依旧能够洞察对方的成长轨迹与前行步伐。当他们收获硕果或遭遇荆棘时，我们亦能送上及时的祝愿，或者伸出援手、表达自己的关怀。秉持这般心态，我们方能妥善处理与日渐疏远的朋友间的关系。

有时候无须两肋插刀，只需要一句简单的问候，一通简短的电话，一个有力的承诺就够了。

寻找新的交友机会，扩大交友圈子

比如，多去美术馆和艺术中心转转，办张美术馆的年度会员卡，就可以参加美术馆定期举办的活动，有机会偶遇一些文化圈的小伙伴。

又或者参加志愿者活动，可以结识志同道合的人，同时也可以为社会做贡献。

接受孤独，试着一个人行动

人生的绝大多数时刻，其实都是一个人的修炼。再懂自己的人，都无法真正与我们感同身受，最终我们还是得独自一人走出低谷。当我们孤身一人时，不妨试着享受孤独。

不妨试着一个人吃饭，不再追求有饭搭子，这样自己想吃多久就吃多久，想看什么下饭剧就看什么下饭剧；试着一个人出去玩，不必再迁就朋友的时间，不必再等待，可以来一场说走就走的旅行；试着培养一种新的适合一个人进行的兴趣爱好，像是一个人在家静静地喝茶看自己喜欢的书……

翻篇是一种能力

小说《十五年等待候鸟》里有句话:"人生就像一辆列车,进了站,有人会上车,有人会下车。相伴过一段旅程,该再见时就再见,这才是对彼此最好的祝福。"

渐行渐远渐无书,水阔鱼沉何处问。成年人的世界,99%的遇见都来自人海,终又归于人海。我们能做的只是,来时珍惜,去时释然。

专注提升自己，吸引更高圈层的牛人

很多时候，我们追求"破圈"，其实是在追求遇见更好的人，希望与更优秀的人建立联系。但是真正的人脉并不是求来的，而是靠我们自己的才华和能力吸引来的。

当我们身处微末之时，根本不配有好的圈子，因为自己在别人眼里毫无价值。能够获得贵人赏识一飞冲天的人，往往有过人之处。

商业记者许某曾讲过一则故事。

中国互联网大会在北京举行，吸引了众多世界500强企业的副总裁级高管参加。某日，一位小型企业的经理找到许某，想通过他的人脉资源参加闭幕晚宴。碍于情面，许某答应了这一请求。这位经理原本期望借此良机与业界巨头建立联系，然而，尽管他四处派发名片，却遭到了众人的漠视，更没有人在会后联系他。

假如一个人的级别、层次不够，即使混进了高端圈子，也不会被接纳。任何人际关系，其本质就是利益交换关系。社交关系本身就是量体裁衣，我们有多大本事，能提供多少价值，就进多大的圈子。社交关系就像一架天平，一端压的是自己的实力，另一端才是我们可以撬动的资源。

翻篇是一种能力

美国社会学家格兰诺维特提出,人际关系网络可以分为强关系网络和弱关系网络。其中,强关系是指我们的社会网络同质性较强,人与人之间关系比较紧密,有很强的情感因素维系;弱关系是指个人的社会网络异质性较强,人与人之间的关系并不紧密,也没有太多的情感维系。

当我们自己的能力足够强、身上的价值足够大时,我们才能构建强关系网络,使身边有更多同样厉害的人,而不是在弱关系里苦苦挣扎。

若逢不如意之事,与其伤春悲秋,不如改变自己。努力提升自己的实力和层次,最终我们会发现,所有不可逾越的高山大海,都会化为一马平川。自强之外,无上人之术。使自己强大,才是结交牛人的不二法门。唯有迎难而上,不断强大自己,才能得到命运的馈赠,世界也会对你和颜悦色。

在人际关系中,信任是至关重要的,而实力就是赢得他人信任的关键因素之一。当我们拥有强大的实力时,我们的承诺和行动更容易获得他人的认可和信赖。别人会相信我们能够胜任工作、履行承诺,并愿意与我们建立起更深层次的关系。

自身实力的发展使我们能够为他人提供更多帮助和价值,从而实现共赢。我们能够为他人创造更多机会,分享自己的资源和经验,与他人形成互补和协同的关系。

你若盛开,蝴蝶自来。深耕自己,圈子自然会找到你。

大家都知道与更高层次的人交往,会让自己在各方面受益匪浅。但很多人都有这样的困扰:自己能力一般,不属于某个圈子,或者不善交际人脉有限,又或者不知道能给对方提供哪些价值。该怎么才能提升自己,接触并成功结识更高层次的人呢?

学会经营自己，打造个人IP（品牌、形象）

首先，确定自己的基础定位，根据个人特色来设计、包装自己，尽量避免和业内大牛的定位冲突。

其次，设计个人标识，包括我们的头像、昵称、简介等，确保它们与自己的个人定位和专业领域相关，且易于记忆和识别。在所有平台上保持个人品牌形象的一致性，增强自己的识别度。

毕加索于19岁那年独自勇闯巴黎艺术圈，但是其作品无人问津。正当即将流落街头之际，他灵机一动，找来一群大学生，让他们每日游荡于市面上的大型画廊之间，急切地向店主询问："请问贵店有毕加索的作品吗？"

起初，店主对毕加索一无所知，大学生们便装作惊讶道："你竟不知毕加索？"言罢，便无奈地摇头离去。

渐渐地，越来越多的人开始搜寻毕加索的画作，都想一睹这位神秘艺术家的真容。毕加索感觉时机已至，便携带自己的作品亮相画展，结果他的作品被画商们抢购一空，溢价高达数十倍。

靠IP打开知名度，才有更多人关注自己。

深耕自己的专业领域

从现在开始磨炼自己坚定不移的信念，构建一套自己的知识体系。就像作家刘震云所说："大师都是很笨的人，只有很笨的人才肯下苦功，才会坚持不懈登上顶峰，才会十年磨一剑，一剑号江湖。"什么是真本领、真本事？其实就是下苦功，日复一日地练。

想要得到某样东西，最好的方法就是让自己配得上它。十年寒窗无人问，一举成名天下知。自己是梧桐，凤凰才会来栖；自己是大海，百川才来汇聚。

拓展社交圈，别只躲在熟悉的圈子里

山外有山，人外有人。我们要发展和进步，就不能只看到自己这一亩三分地，而是要扩大自己的社交圈，向上社交拥抱变化。

一份调查报告提出，一个人赚的钱，源于关系的占据87.5%，源于知识的却只有12.5%。面对的是个别人时才称为关系，所谓的圈子即是关系的升级与扩大化。

究竟是什么决定了我们的社交圈的层次？科学家分析说，我们的社交圈一般由血缘关系和朋友关系共同构成。血缘关系不能选择，但朋友关系却可以选择。

人类学家邓巴曾提出友情六维度，包括：共同的语言、共同的出生地、相似的教育背景、相同的兴趣爱好、相似的政治观点及世界观、相同的幽默感。邓巴坦言，一个群体中，如果两个人拥有的友情维度越多，越能结成亲密的友谊。

可见，是相同的出身背景、兴趣爱好、道德观念等促进了人与人之间的关系。当我们与另一些人"同频共振"时，我们的关系会变得越发亲密。

邓巴同时强调，决定心智认知能力的是大脑容量。那些心智认知度高的人，往往能力强，同时拥有很高的社会地位，社交圈范围广阔。

从心理学的角度来说，作为某个群体中的一员，你的思维方式、意识与行动很难脱离群体。总之，你的选择足以决定你的朋友圈层次，而你的朋友圈层次又限定了你的生活品质。如果你想脱离目前的阶层，改变自己的生活，先去扩展你的朋友圈。

如果你想结识更高层次的精英人士，那就常去一些比较高档的场所露脸。该搭讪搭讪，不必担心受到冷遇，有契机时就抓住。记住，能与人熟络就是赚，聊不到一起也不亏，一切重在行动。

竹竹在旅行中选择了头等舱的位置。落座时发现身旁的女士正打开电脑，屏幕壁纸是某外国电影的图片。竹竹悄悄搜索了一下剧情和评价，顺便背下几条评论里的观点。

竹竹寻到机会，开口道："您也喜欢这部电影吗？我感觉它的色调和光影运用特别棒，结尾把主角的表情拍得很有深意。"

女士："对，而且导演还因为这个入选了奖项提名。"

竹竹："我还没来得及了解这个导演，您能再给我推荐一下他的其他作品吗？"

女士："好啊，你加我联系方式，我推给你。"

如果我们总是接触同一群人，成长一定是有限的。要时不时去不同场合结识一些不同的人，这些人就像新鲜血液，能给我们带来不同的感觉，让我们保持学习和进步的动力。

记住这个公式：你的"可交换价值"＝你的"价值"×你的"可交换系数"。想要扩大自己的社交圈，就要建立起自身价值、放大自己的"可交换系数"。具体可借鉴以下方法。

拥有一项或几项能被别人"利用"的技能

想要和更高价值的人相交、相处，意味着你必须具备一定的价值与能力，并确保这些能力都是对方所需要的。比如，对方需要擅长做PPT（演示文稿）、做策划、做营销等方面的专业人才，你就可以努力培养这些方面的能力，必要的时候主动帮助他们。

找到能带你进入更高层次社交圈的"人脉枢纽"

于强认识了一位做批发生意的同乡，对方最大的特点是喜欢结交朋友。那位同乡每天花很多时间去认识各行各业的人，和别人攀交情、谈合作。于强想办法加上了这位同乡的微信，并花很多时间去维系这段友谊。后来在同乡的帮助下，他的人脉资源上了一个台阶。

所谓的高价值的人，指的就是于强同乡这种类型的朋友。也许你的财富、地位暂时无法与他们匹敌，但他们看中的其实是你的价值。对于普通人来说，一定要找到"人脉枢纽"，他们能带你进入更高层次的社交圈，令你的眼界、格局越发开阔。

线上沟通软件及线下社交活动结合使用

把握线上线下两个渠道，双管齐下，去认识各行各业的人才。

靠着朋友的帮助，我们才更容易成功；借鉴别人的成功经验，我们才更容易实现自我成长。你想要变成什么样的人，就同什么样的人交往。不要总躲在熟悉的圈子，要尝试去结交不同行业的朋友，想方设法地扩大自己的朋友圈范围且提升层级。

第三章

情感翻篇：不翻脸，不纠缠，快转身

你放不下的未必是爱，可能是执念和不甘心

我们在分手之后总是会给自己找一些放不下的理由，但实际上，越是纠缠不清，越是总想着对方，就越让自己痛苦。

我们时常看到，很多人为情所困，明明对方不爱了，自己还是放不下。

其实每个人都有自己执着的点。有的可能是因为不甘心，自己辛苦经营的感情到最后一无所有；有的是因为放不下那段过往和美好的回忆，那是整个青春最美好的时光；有的是付出了却没有得到该有的回报，自己的感情没有获得一个完美的结局。

诗人陆游在年少时期，便深陷对表妹唐琬的痴恋之中。他们青梅竹马，一起创造了许多美好而甜蜜的回忆。然而，两人的爱情却因家族长辈的阻挠被迫中断。陆游不得不听从父母的安排。多年后，依旧悲伤的他写下了"东风恶，欢情薄，一怀愁绪，几年离索"。

在一起时处处不满意，真正分开之后，我们又深陷痛苦之中，并没有因为分开就感觉轻松。这使得我们的内心更加复杂，被各种情绪充斥着，极力劝自己放下。但有时候越是想要忘记，就越放不下。我们需要冷静下来想想，到底是真的还相爱，还是不甘心就这样结束。

第三章 情感翻篇：不翻脸，不纠缠，快转身

其实我们比谁都清楚，我们不会有结果，但正是因为自己的清醒，所以执念才会更深，执念越深就越痛苦。这不代表我们贪得无厌，而是源自内心的不安。因为我们自己曾经的行为影响了对方的情绪，但后来却是对方的行为影响了我们的情绪。我们对对方的行为心里没底，所以害怕。越是害怕就越想紧紧抓住。

这很可能是我们自己的占有欲在作祟，爱而不得，让我们一直走不出爱情的怪圈，越陷越深。很多人都是这样，得到了便不再珍惜，自己得不到的反而成为"白月光"。再深的爱，也会让人慢慢遗忘。可是当我们想得到却又得不到的时候，就会念念不忘。

这个世界上，没有什么是永恒不变的，也没有谁是非谁不可的，不过是我们自己非要那样执着罢了。对于一个不爱我们的人，我们的放不下，只会让自己痛苦。

"你已偏离路线，已为你重新规划路线，请在合适的位置选择掉头"，这是导航程序对我们作出的提醒。

依娜和自己的男朋友相爱很久，为了男友，依娜放弃了自己大好的前程，不顾家人的反对跑到对方的城市跟他在一起。可是男朋友一心追求自己的艺术事业，迟迟不提结婚的事。在发现男朋友出轨之后，依娜果断选择了分手。

时光荏苒，当两人在繁忙的街头再度相遇时，前男友流露出复杂的情绪。尽管另一个女人助他声名鹊起，但他心中始终放不下依娜。

依娜则以一抹淡淡的微笑迎接他的目光，轻轻点头致意，就像遇到了多年不见的好朋友。他们仿佛从未经历过那段刻骨铭心的爱恋，彼此之间又似乎从未有过间隙。

唯有依娜自己知晓，她早已将往事尘封在心底，不再开启。依娜没有

删除前男友的联系方式，但她也不会再联系他。对于依娜而言，前男友只是列表里一个无关紧要的人。

哲学家柏拉图曾告诉我们："如果感到不幸福、不快乐，那就放手吧。人生最遗憾的，莫过于……固执地坚持了不该坚持的。"在我们的生命中，很多人只会陪伴我们一段路程，有些人注定会半路下车。执着于得不到的爱，注定只是一场梦，梦醒了还是要面对现实，倒不如早一点放下执念。

如果我们在分手后一直无法放下、觉得很不甘心，可以试试下面的办法。

1.减少联系，但不必删除对方的联系方式。

2.我们可以通过写情绪日记的方式，将这段恋爱的体验书写出来。这是一个将潜意识进行转化的过程，也是用意识去整合自己的过程。写完之后，我们将日记封存起来，也是封存了这段感情。

3.出去旅游或者多做自己喜欢的事，转移注意力。

有些人，注定是我们人生旅程中的过客，终究会离去。有些人，即便只是擦肩，也注定会成为我们的未来。相信总有那么一个人，今生是为你而来。

放弃沉没成本，爱而不得就要及时止损

《小王子》里有一句话："正因为你为你的玫瑰花费了时间，这才使你的玫瑰如此重要。"

很多人之所以在感情结束之后仍放不下过去，其实并不是还有多爱，而是不甘心曾经付出了那么多，终究成为一场空。

在剧集《隐秘的角落》中，张东升为了徐静放弃了自己的大好前程，背井离乡来到徐静所在的城市，为了徐静备受她家人的奚落，爱得失去了自我。在离婚和她父母的刺激之下，张东升犯下命案。

一心为恋人付出太多之后，想要再分开就会非常痛苦、不甘心，只能硬着头皮过下去。但继续在一起也会很痛苦，很多人就这样使自己处于进退两难的境地。

在心理学领域中，有一个概念叫作沉没成本效应。它描述的是当我们已经在一件事上投入了大量时间、金钱、精力和感情等成本，而这些成本最终无法挽回时，我们往往会因为投入得越多而越感到惋惜。在我们与前任分手后，那种对过去的留恋和无法释怀的情感，在很大程度上

是因为我们在那段感情中付出了太多，已经被"套牢"了。

沉没成本本该是我们努力排除的干扰，可很多时候，我们却因为不自觉地过于重视它而不断投入新的成本。而沉没成本太多，就会给我们造成心理落差。人都是自私的动物，我们认为自己在恋爱里付出了很多，理应得到对方的回馈，可对方回应给我们的远远达不到自己的期待，这时自然而然会产生心理落差。

虽然冲突不断，矛盾重重，看对方越来越不顺眼，可却因为交往了好多年，不甘心就此结束。结果是彼此将就着生活，相对无言的时间越来越长，而每一次忍让都是内心的一次煎熬。

有心理学家说过："人生中90%的不幸，都是因为不甘心，这也是很多人不懂得及时止损的原因。"

真正的爱情，不是一个人付出，而是需要两个人共同呵护。爱你的人，不舍得让你在爱情中等待太久。对方不会忍心让你独自为这段感情付出，而会主动地与你结伴前行。面对求而不得的爱情，要懂得及时止损。

柔柔深情地依恋着志辉，然而志辉的心却已不在她身上，他沉迷于外面的花花世界。当柔柔目睹志辉的背叛时，她的心中满是痛苦，然而出于对他的爱意，柔柔选择了宽恕，甚至以卑微的姿态恳求志辉不要离她而去。

可惜，柔柔的低声下气并未换来志辉的珍视，她的忍让只换来了他的肆无忌惮。随着时间的推移，柔柔的生活充满了无尽的苦楚。她无数次的妥协和退让，换来的却是志辉更加无情的伤害。

在柔柔和自己的闺密说了这件事之后，闺密果断带着她敲开了志辉的房门，直接让柔柔和志辉分手。

闺密把柔柔接到自己家住了几天，本来伤心失落的柔柔在闺密及其父母的关怀和呵护下渐渐走了出来。她可以自在地和闺密的狗一起出去玩耍，而不用担心狗毛过敏的前男友；就餐时，她可以吃自己最爱的折耳根和香菜，而不用顾忌讨厌这两样东西的前男友。

柔柔觉得自己重新快乐起来。

爱情是两颗心的真诚相待，而不是一颗心对另一颗心的敲打。只有挥别错的，才能和对的相逢；只有终止错误，才能重拾幸福。放弃一段不值得的感情并不可惜，它会让我们打开一扇新的门，找到属于自己的幸福。

面对不爱自己的人，唯有及时止损，才能减少自身的损失。不要让感情发展到无法挽回的地步，到那时，你会后悔认识这个人，你会后悔有过这段情。有时，放过别人就是放过自己，没有什么无法放下，只要自己鼓起勇气，直面现实。

如果担心自己无法果断地摆脱一段感情，我们可以试试下面的方法。

1.如果我们爱上了一个人，我们可以设定一个"止损点"，当我们的情感产生波动或者矛盾达到这个止损点时，就反思一下我们的关系，并决定是否继续这段感情。

2.培养良好的沟通习惯，开诚布公地和自己的伴侣交流沟通，不要一个人默默付出。

3.旧的不去新的不来，不要在一棵树上吊死，出去寻找新的机会。

小说《巴黎没有摩天轮》里面有句话："曾经梦想的未来被打乱之后才明白，原来把自己的未来和另一个人绑在一起是件很可怕的事，一旦没有了另一个人，随之也就失去了未来。就算两个人的终点自己一个人到达了，最后也只有一种感觉：我曾经以为，站在这里的会是两

翻篇是一种能力

个人。"

  当断不断，反受其乱。为了避免自己梦想的未来被打乱，我们必须及时停止沉没成本的投入。我们的一生就像一场长途旅行，在这漫长的旅途中，有美丽的山河，有和煦的阳光，也有风雨和泥泞。如果发现终点不是你的目的地，那么悬崖勒马，及时下车。

感情中所有的错过，都是因为不够爱

感情其实是很脆弱的东西，它并没有我们想象得那么坚韧。我们总要经历一些错过。掏心掏肺地爱过一个人，最后却没办法走到一起，面对这样的分离，我们的心里总归有点意难平。

对于某些相爱但难以长相厮守的遇见，我们会冠以这样的称谓：错过。错过并不是谁的错，既不是我们的问题，也不是对方对我们的亏欠，而是感情尚未达到合理的范畴，各自都误认为很爱对方，却爱错了方式。

"如果我当时把那句表白说出来就好了。"

"如果我没有做对不起她的事就好了。"

"当时我只要勇敢一点就可以要到他的联系方式了。"

爱，唯有双方心灵的交会才是其真谛。独自的执着与坚持，不过是一场无观众的戏剧，那份单恋的苦涩，不过是自我慰藉。而当一个人真的爱我们时，一定不忍见我们落寞，不愿让我们承受孤独的重量，更不会让我们在漫漫长夜中独自品味痛苦的滋味。

这个世界上所有的遗憾和错过，归根结底都是不够爱。若足够爱，就不会有遗憾；若足够真挚，就不会有亏欠和擦肩。如果我们爱得坚定但是没有换来对方同样的坚定，那么这样的感情注定没有完美的结局。

不够爱的原因有很多。在一段感情中，性格的磨合是每对情侣都必须面对的挑战。当我们对另一方的某些性格特质感到不满时，若不能及时沟通与理解，这种不满情绪便会悄然滋生，最终影响双方的感情。

同样，价值观的差异也是不够爱的重要原因之一。如果我们在生活的根本问题上存在分歧，那么这种分歧无疑会成为感情裂痕的放大器。

年少的时候会把脾气、自尊、面子看得比什么都重要，唯独忽略了该把心爱的人放在心上。两个人都在比谁的脾气更硬，都不愿意作出让步，经常会为了一丁点的小事赌气吵架，也有很多人因为一次争吵走向了陌路。

生活习惯的不协调也是不容忽视的因素。日常生活中的琐碎小事，如起床时间、饮食习惯，甚至是家务分配等，都可能成为矛盾的导火索。这些看似细枝末节的问题，实则在悄然侵蚀双方的感情基础。

真正爱一个人是藏不住的。性格不合、想法差异、三观不同，说到底都是不够爱的借口。没有天生三观相同的两个人，爱一个人有一千个理由，不爱一个人也有一千个借口。真正相爱的人即便远隔山海，山海亦可平。

作家杨绛和钱锺书的爱情一直被世人称道。在两个人分隔两地学习时，钱锺书抵不住自己的思念，每隔两三天就会给杨绛寄一封信。信件字小行密，写得满满当当，而且一封信总是写满两三张纸。同来的人中，就属杨绛收到的信最多。

杨绛也回以同样的思念，她总是将信纸放在衣服的口袋里随身携带，方便空闲时间拿出来看。口袋放满了，她弯腰都不方便，只好放在包里。在那个通信不发达的年代，两个人就用写信的方式，安慰着彼此，用信纸搀扶着对方。

恋爱虽然甜蜜，却也存在变数，因为人会有不同的感情，不同的感受，在交往中有时会发现自己不爱对方了，又不想去追究是什么原因。但当我们觉得自己不爱对方了，就会对我们的感情产生影响。

此时，我们可以试试用下面的方法来解决。

1.坚定地拒绝异性的暧昧邀请，告诉对方我已经有喜欢的人了。这些邀请可能会让我们对自己的感情产生动摇。

2.互相夸赞，夸赞是最容易产生爱的。即使夸赞今天衣服很合适、点的外卖很好吃这样的小事也会让对方高兴，让自己愉悦。

3.实在找不到热恋时甜蜜的感觉，可以和自己的伴侣公开说明，选择分手，不要让自己和伴侣陷入痛苦之中。

不要抱怨错过了谁，也不要埋怨谁伤害了自己。我们在与人交往中能感受到鲜活地存在着，这就足够了。这说明我们还会爱与选择，还能被爱和被选择。所以暗自庆幸吧，因为我们还有鲜活的勇气和热情。

这个世界很大，不像言情小说中充满意外和偶然，大多数人也不像男女主角有所谓命运的牵绊。所以我们遇到的缘分，其实很浅。不要让爱情轻易地错过，不要让爱人失望地离开，幸福是追来的，不是等来的。

翻篇是一种能力

选择原谅出轨，心里的痛如何彻底翻篇

在感情里，信任就像是一张纸，如果被撕破、被揉皱，就算重新粘上、极力抚平，还是会有痕迹，难以回到最初的样子。

被出轨这件事就像风湿病一样，每逢"阴雨天"就会发作。每次大吵大闹，都免不了旧事重提。这是因为我们还没有彻底走出被伤害的阴影。

对于被背叛伤害过的人来说，如果一直无法彻底接纳伴侣出轨的事实，只是嘴上说着原谅，这种口是心非的矛盾感，迟早会像鬼魅一样吞噬我们的下半生。我们越是想一逃了之，那些难以启齿的负面情绪越会追着我们不放，让我们无处躲避。

晓瑜的老公出轨了。为了让晓瑜放心，他亲手写了保证书，还对天发誓以后不会再犯。他把自己的工资卡交给晓瑜保管，还给她买了喜欢的首饰。

他周末尽量陪着晓瑜，但晓瑜仍然会胡思乱想。特别是半夜时，他发微信或打电话，都会让晓瑜坐立不安。

背叛的痛苦就像一根刺一样，深深地扎在心里。晓瑜经常感觉很痛苦，难以忍受。

第三章 情感翻篇：不翻脸，不纠缠，快转身

每次吵架，晓瑜都忍不住问："到底是那个女人好，还是我好？"

丈夫很不耐烦："我既然已经回归家庭了，这件事能不能别提了。如果你实在过不去这个坎，你也出去玩一次。"

最后，晓瑜选择离婚，因为她无法忍受。

在心理学中，有一个概念叫注意偏向性，指的是当我们开心时，就会更容易想起那些美好的记忆；当我们情绪低落时，就会更容易想起发生过的不好的事情。这导致我们无法忘记对方出轨的事实及其带来的痛苦，反而一直在折磨自己。

遭遇出轨之后，为了孩子，为了感情，为了面子，我们选择了留守。然而，留守的人需要付出更大的勇气和更多的精力来面对出现裂痕的婚姻。当这些勇气被消耗殆尽，我们所能选择的只有离婚这一条路。

当我们选择原谅出轨的一方，默默忍受痛苦时，其实一直在内耗。长期的内耗只会让人感到疲惫。要是一个人总把80%的能量用来内耗，想想就已经感到很累了。

不要让这段伤痛继续困扰我们，学会释怀，学会重新开始。原谅并不意味着忘记，但我们希望它能成为我们重新站起来的一种力量，成为我们重新拥抱幸福的一种动力。或许，我们永远无法真正忘记这段伤痛，但请相信，时间会让我们变得坚强。

大声告诉自己：不管发生什么，我都值得被爱，我都有权追求幸福。

要摆脱心里的痛苦，拒绝继续为了不值得的人内耗，我们不妨试试下面的方法。

接受残酷的事实

面对配偶的背叛，我们往往需要在痛苦中学会接受这一残酷现实。唯

翻篇是一种能力

有勇敢地直面这一挑战，我们才能踏上自我疗愈的道路。谁的眼里都揉不了沙子，可是谁的眼睛没被沙子迷过呢？不同的是有的人从此被沙子弄坏了眼睛，而有的人却将沙子清理掉，眼睛依然明亮。

要求对方拿出诚意

如果我们想真正地原谅一个人，我们不可能将过去所有的伤痛忘掉。我们需要伴侣能够理解自己的痛苦，需要对方向我们忏悔和道歉，需要对方拿出重建婚姻信任的诚意。比如在亲朋好友的见证下签下悔过书，向我们作出保证。

将自己的情绪发泄出来

找一个安静的地方，痛痛快快地大哭一场，不要把压抑的情绪憋在心里，否则最终只会伤害自己。我们能选择原谅、选择宽容已经很不容易了，缓和痛苦的情绪需要一个过程。如果单纯的哭泣无法排解情绪，我们不如试着去跑步、打羽毛球，运动能促进身体的新陈代谢、调节激素分泌，让我们的情绪更快地平复下来。

刺扎进心里，会流血、会很疼，但不拔出来，会化脓、会腐烂，以后会更痛苦。先破后立就是拔刺的钳子，扩大内心容量、关注自我就像打麻药，两者配合，就能止血、止痛，使伤口慢慢愈合。

对一个不爱你的人，放手是最好的选择

握不住的沙，不如扬了它。在爱情中，不是每个人都值得全心付出，当我们与不值得的人在一起时，往往会给自己带来无尽的痛苦和伤害。

有人说："到了一定年龄，必须扔掉四样东西：没意义的酒局、不爱你的人、看不起你的亲戚、虚情假意的朋友。"其中，舍弃那个自己深爱着却不爱自己的人，尤为艰难。因为在感情中，往往是当局者迷。我们总认为只要爱，就值得全力以赴，飞蛾扑火也在所不惜。而且很多人觉得对方不接受自己，是因为自己付出的努力还不够，却不肯承认是对方根本就不爱自己。

何勇在上学的时候，非常喜欢同班一个女生，原本平时上课总是迟到的他，却能每天早上起床陪女生晨跑，大半夜翻墙出去为她买消夜，并坚持了整整一个学期。

那个女生但凡对他有一点兴趣，早就该接纳他了。然而并没有，他半年的汗水和激情，却败给了她在寒假回家的高铁上认识的一个学长。何勇很郁闷，是自己哪里不好，哪里做得不对吗？虽然在几次喝醉之后，他都很潇洒地说要放弃，可第二天又忍不住联系她。他相信，时间能证

明一切，能让她知道，到底谁最爱她。他甚至找到她的男友，差点和对方打起来。

可是，何勇的所作所为在她眼里却成了骚扰和纠缠。她甚至当面冷酷地对他说："你烦不烦，我有男朋友了，你这样缠着我有意思吗？再这样下去，我们连朋友都没得做！"

在不爱你的人面前，你送的玫瑰是带刺的，你冰的啤酒是苦涩的，你的笑容是丑陋的，连你的殷殷期望都成了苦苦纠缠。就算这个世界上，有什么东西可以强求，但爱情一定不可以，你日复一日的付出即使最终感动了对方，让对方愿意跟你在一起，可那是你想要的爱情吗？不是的，那只是感动而已。

一段感情中最可怕的就是，我们心甘情愿被那个不爱自己的人耗着。正因为不够爱，对方不会在意我们的感受，在对方的眼中，我们的倾诉是抱怨，我们的举动是胡闹，我们的需求是麻烦。但真正毁掉我们的，并不是这些"嫌弃"，而是它们的衍生品。我们忍痛坚守着这份感情，不惜代价，耗光了青春年华的真诚与冲动，虚度了大把的光阴，错过了一个又一个真爱的机会，宁愿戴着枷锁，低着头颅向对方示好。在这个过程中，我们的自信逐渐被消磨殆尽，会不停地怀疑自己是不是值得被爱。这种自卑感才是在感情消耗中受到的最大伤害。

有人说："在一段值得的关系里，至少两个人都在学习成长，而不是回想起那些和对方相处的时光，你会觉得自己糟透了。"感情中没有谁对谁错，只有合不合适。虽然我们在这段关系中感到快乐，也将对方放在了最重要的位置，但当我们意识到自己越来越糟糕的时候，就意味着应该离开了。有时候，不仅收获是成长，放手也是长大的一部分。

因此，当我们处于一种不断消耗自己的感情中，处于一段只会让自己感到糟糕的爱情中时，一定要果断且决绝地放手，让未来的自己感谢自己当下的干脆。但我们要注意的是，强制地割舍并不能解决实际问题，只有从心理上进行"断舍离"才能真正脱离这份感情。

有人说："爱的反面不是恨，而是冷漠，从来哭着闹着要走的人，都不是真正会离开的人。"只有在乎，才会选择拉黑。如果内心放不下，那么拉黑对方不过是一件徒劳的事情。

电视剧《欢乐颂2》中，应勤和邱莹莹分手之后，与新女友吵架，找到邱莹莹倾诉，询问她是否看到了自己发的朋友圈。邱莹莹表示自己已经删除了他的微信。面对这个曾经百般嫌弃自己，头也不回地离开自己的男人，邱莹莹的内心似乎又点燃了希望。

她曾经狠下心将对方的联系方式删除，希望走出感情的阴影，但这种拉黑的方式却时刻提醒着自己，直到内心有一天土崩瓦解。在应勤的恳求之下，邱莹莹最终同意了对方的好友申请，以往为了远离对方所作的努力都化为泡影。

真正忘记曾经放在心上的人，不是将对方从自己的世界删除和拉黑，而是放任对方淹没在好友列表或社交圈子中，不再关心对方的动态和生活。对方的一切都让你风轻云淡，波澜不惊，一心只为向前拥抱新生活。

没有天生合适的两个人，只有互相磨合的两颗心。如果我们遇到一个不爱自己的人，即使自己为了对方作出巨大牺牲，依然无法获得关注，那么就该远离不爱自己的人，给自己一个海阔天空。

当一份感情不再属于你时，它对你根本没有任何价值，所以你不必认为它是一种损失。有些感情注定有缘无分，有些人注定要散的，舍不得也好，怕错过也好，都是不对的，不对的就放手吧。放过对方也是放过自己，这样两个人才能各自寻找新的幸福。

两个人如果强行捆绑在一起，不仅很累，也会心有不安和愧疚。有一种爱叫作放手，不爱更要放手，勇敢一点，别再纠缠，如果不合适，即使曾经在一起的时间再长也没有用。

随着时间的流逝，有些人会在你心底慢慢模糊。学会放手，你的幸福需要你自己成全。不肯放手只会在痛苦中挣扎，懂得放手的人，才是对彼此负责。远离不爱自己的人，给自己一个海阔天空。

好好地告个别，不谈亏欠，不谈对错

有人说："人生就像一场舞会，教会你最初舞步的人却未必能陪你走到散场。"当我们经历离别时，无须悲伤，一别两宽，各生欢喜。

再漫长的欢聚也总有尽头，世上没有不散的筵席。有些人一牵手就是一辈子，而有些人的感情来得快，去得也快。可能刚开始还爱得死去活来，一个非她不娶，一个非他不嫁，结果最后分开时闹得反目成仇。

"我付出了那么多，为什么还要分开？"

"我没有错，错的是你，不然我们怎么会分手？"

"我之前没有时间好好陪你，我们重新开始，让我多陪陪你好吗？"

爱情就是不难为自己，更不亏欠别人，想爱就好好地爱。虽然分手会让人心痛，但如果不幸福还是分开吧，因为没有人说非爱不可，煎熬更是一种折磨。

分手之后，我们有可能觉得不甘心，万分后悔，于是苦苦纠缠对方，想要复合。你恨对方为什么那么狠心，那么绝情。恨不得对方过得不幸福，因为这样就又有机会复合了，但这样只会让对方厌烦我们。

如果分手后总觉得自己对不起前任，一直沉浸在自责和悲伤中，那就

翻篇是一种能力

要注意了，可能我们心理的自我保护机制出了问题。因为从心理学角度来说，每个人的悲伤是有限的。悲伤到一定程度，我们的潜意识就会给自己找到一个理由来说服自己不再悲伤。

如果我们分手后，总觉得自己对不起他，或者一直对他有愧疚的心理，想要去弥补，那么结论只有两个：要么对方在刻意地制造委屈，有意地让我们觉得自己对不起他；要么我们本身是讨好型人格，在我们的感情认知里，只要出现问题就会觉得是自己的错。

在心理学中，有一种爱的补偿心理，是指当我们被分手后，会产生一种强烈的内疚感或亏欠感，从而试图通过各种方式来补偿对方。我们可能会不断地责备自己，认为自己不够好，不值得对方爱。为了减轻自己的内疚感，我们可能会通过各种方式来补偿对方，甚至不接受分手的现实，企求复合。

但既然已经分手了，就不要再感到内疚或者亏欠，过去的事就算争论出了谁对谁错也没什么意义。或许这次放弃才是对的，因此不用太过执着分开的对错，不同的列车都在开往该去的地方。今生能遇见，已经很幸运了，失去并不可怕，因为有些人始终是我们人生中的过客。

我们没有必要一直诋毁对方，也不必对对方耿耿于怀。在这个世界上，每个人的出现，都是为了让我们成长，而对方的出现，就是为了让我们学会辨别。当我们一直忘不了一段感情时，受伤害最大的还是我们自己。因为当我们诋毁对方，甚至记恨对方时，对方根本不痛不痒，甚至可能活得更好。

我与春风皆为客，三生有幸遇见你，即使悲凉也是情。不管谁先说放手，都不要过多纠缠。一段感情，只要没有刻意的欺骗，那么这份感情都值得被尊重。

分手是一件很痛苦的事情，但有时候在所难免。如果你已经作出了分手的决定，以下几点可以帮助你减少亏欠和想要继续纠缠对错的情绪。

1.在分手之前，与对方坦诚沟通，让对方了解我们的想法和感受。告诉对方我们的决定并解释原因，避免对方的猜测和误解。

2.不要过分计较过去的付出，感情里的账是无法算清的，我们跟对方索要赔偿，对方也可以反过来跟我们计较。当我们开始计算起曾经的一丝一毫时，就相当于亲手把回忆撕碎。

眼泪总在不舍之时流淌，绝望都在泪水过后呈现，而分手则是一种解脱，所以分手应该体面，不谈亏欠，不论对错。因为从此天各一方，互不干扰，就让离别化解所有的心酸，就让这短暂的时刻记住最后的相遇。

希望我们在告别后，无论和谁，无论何时，无论在哪里，无论看不看得见湖、听不听得到海，都会日月相伴，星辰为友，路无险阻，前途有伴。

当你变得更优秀，你会遇见更好的人

有人说："一个人真正优秀的特质来自内心想要使自己变得更加优秀的强烈渴望，和对生命追求如火般的激情。"当我们开始想要变得更加优秀，也许更好的缘分就在不远的将来等着我们。

在情感的征途上，我们常常怀揣着对更美好生活的向往，期待着那个能与自己并肩前行的人出现，认为现在遇到的并不一定是最好的、最值得的。

"我的意中人是个盖世英雄，有一天他会驾着七彩祥云来接我。"在电影《大话西游》中，紫霞仙子在因缘巧合之下爱上了至尊宝。但是驾着祥云的孙悟空是来救唐三藏的，还对她百般嘲讽。

在孙悟空和牛魔王大战时，牛魔王将城市扇向太阳，在孙悟空抵住城市的时候，牛魔王趁机偷袭，紫霞仙子为孙悟空挡住了这一击。"我猜到了开头，可是猜不到这结局。"

不管是一开始的至尊宝还是最后的孙悟空，紫霞仙子和他之间的关系都是不对等的，但是紫霞仙子最终还是选择为自己的意中人付出了生命。

不要过于期待爱情，与其把时间花在爱别人上，不如为自己好好努力。等我们变得更优秀时，我们就会发现，爱情并不是命运的灵丹妙药，而只是为精彩的人生锦上添花。我们在生活中所遇见的人和事，往往是我们自身状态的折射。为了爱情就轻易地放弃提升自己，那我们只能在目前的上限里打转。

我们想要遇到更好的人，过上更幸福的生活，就要考虑自己是否能够站在那个人的旁边，是否能够驾驭得了那样的生活。一个人只有自身优秀了，才会吸引同频美好的人、事、物进入生命。同频，指的不是财富的多少、名声的大小、地位的高低，而是相似的精神境界和内在修养。

井蛙不可语海，夏虫不可语冰，曲士不可语道。在二人世界的相处中，思想的交锋与融合至关重要，只有势均力敌的爱情才能长长久久。势均力敌，不仅是彼此情感的力量均衡，更是精神层面的共同成长。两个灵魂深处的契合，是情感之舟远航的稳固基础。因为，任何情感的维系，都不可能仅凭一时的热情。

我们只有努力地变优秀，才会在更美好的生活到来时，心安理得地享受这样的日子，而不会感到自卑，也不会放弃自己。每个人生活在这个世界上，最大的敌人就是自己。当我们不够优秀时，即使遇到机会，也难以把握住；即使遇到贵人，也未必是幸事。真正聪明的人，懂得按照自己的节奏行走，做自己的贵人，创造想要的生活。

很多时候，我们会羡慕别人，好奇别人的生活为什么比自己好这么多。但是你在羡慕别人生活的同时，是否想过别人是怎样得到这样的生活的？想要变得更加优秀，拥抱更加美好的生活，我们可以试试下面的办法。

多关注、欣赏别人的优点

当我们打破原有的认知局限，能够从新的角度理解别人时，我们自己的境界也会更上一层楼。

一位富豪家财万贯，依然觉得不开心。某日，他在途中巧遇一位道士，便诉苦道："我真是倒霉透顶，儿子不孝，妻子冷漠，都是金钱惹的祸。"

道士闻言，建议道："既然如此，何不将钱财用于布施？"

富豪听从其言，将钱财投入学堂建设、道观捐赠及扶贫济困之中。

当再次遇见道士时，他欣喜若狂地分享："我现在真是幸运之极，身边围绕着善良之人，妻子变得贤良淑德，儿子也乖巧懂事。"

世间万物都有瑕疵，只有懂得欣赏的人才能发现美。当我们试着靠近那些美好，便会产生一种无形的积极力量，并以一种向上的状态带动身边的人。

对他人有同理心，心怀利他思维

当我们与他人交往时，不要只关注自己的需求和感受，而是尽可能多地关注他人的需求和感受。我们可以通过询问、倾听和提供帮助等方式来表现出关心。

即使是最小的善行也能带来最大的不同。比如，下雨时邀请同去地铁站但是忘带伞的同事一起打伞；看到地上有垃圾随手捡起来扔进垃圾桶。

"因为我想遇见更好的你，我想让我的这份喜欢众所周知。所以，我要像星光一样奔你而去，把不一样的温柔带给你。"我们会遇见更好的人，连沿路的风景都变得格外美丽。我们不需要去结识很多人，只要和更好的自己相遇。

第四章

对错翻篇：不追究，不较劲，向前看

截断踢猫效应，不做坏情绪的传递者

情绪的传染非常迅速，那些从你眼前溜过的情绪信息，那些环境中不易察觉的情绪信号，一个令人愤怒的热点，一段尖酸的评论，一首压抑的歌，都在不知不觉影响你。

你也许已经注意到，当你的上司拉着脸走进会议室时，这种坏情绪只用几分钟就会传遍整个房间，而且影响将从那里开始向外扩散，当员工返回自己的办公室时，他会把消极的情绪传播给周围的所有人。

有心理学家曾说："就像二手烟一样，情绪的流露能使一个旁观者成为别人有害情绪的无辜受害者。"

心理学上有一个踢猫效应。

一位父亲在办公室遭受上司的指责之后，回家对正在做饭的妻子发了很大一通脾气。妻子觉得很委屈，明明自己什么都没做却被指责。她转过头看到坐在沙发上的孩子正在玩游戏，便对孩子一顿臭骂。孩子遭受无端责备，心有不甘，遂将气撒在了旁边安静蜷缩的猫咪身上。被踢的小猫惊慌逃至街道，恰逢一辆大货车疾驰而过，大货车紧急避让，却不幸撞上了在路边候车的父亲的上司。

第四章 对错翻篇：不追究，不较劲，向前看

鲁迅在《华盖集·杂感》中写道："勇者愤怒，抽刃向更强者；怯者愤怒，却抽刃向更弱者。"当一个人面临挫折或受到伤害，心理极为脆弱与不安定，而无力对抗真正的施虐者时，就会转而发泄在那些看似安全无害的对象身上——比如无辜的小动物。这是一种典型的替代发泄，既解气又不会招致太大风险，也是一种怯懦的表现。

比如，我们在外面遇到了不顺心的事情，碍于面子，或者因为内心胆怯，不敢表露出不满的情绪。回到家中，心情放松了，潜意识里觉得"被偏爱的总是有恃无恐"，反而将家人当成了我们负面情绪的垃圾桶，肆意发泄着心中的愤懑。可是，自己的负面情绪发泄完了，心里畅快了，却把新的伤害带给了无辜的家人。

生活中，每个人都是踢猫效应长链条上的一个环节，如果我们能主动控制自己的情绪，有话好好说，就能将"踢猫"的恶传递链及时斩断。

一家小餐厅里，一位顾客指着自己点的红茶，对着服务员大声喊道："服务员，你过来！我点的红茶因为你们坏掉的牛奶不能喝了！"服务员连忙说："真对不起！我立刻给您换一杯。"

服务员很快端过来一杯新的，还有新鲜的柠檬和牛奶。

服务员把这些东西轻轻地放在那个顾客面前，对他柔声地说："先生，如果您喜欢在红茶里放柠檬，最好不要加牛奶，因为柠檬酸有时候会使牛奶结块。"

原本很生气的顾客听了服务员的话，脸色通红，小声地说了声"谢谢"，喝完茶就匆匆离开。

当时，另一位顾客正好在旁边目睹了这一切。在那位顾客走后，另一位顾客问服务员："明明是他的错，您刚才为什么不直说呢？"

服务员笑着说："即使顾客很生气，我也不能跟着一起生气，否则他

冲我发火，我又冲谁发火呢？正因为他粗声粗气，我更需要用委婉的方式去处理；正因为道理很明显很简单，我用不着那么大声。"

自己发的火自己灭，别人点的火不去引，别轻易陷入踢猫效应的怪圈。笔者借用电视剧《武林外传》中郭芙蓉最经典又最睿智的话："世界如此美好，我却如此暴躁，这样不好，不好。"

其实，情绪感染是我们与生俱来的能力，让坏情绪被传播不是我们主观想要的。2个月大的婴儿在听到哭声时，就会跟着哭起来；当他4个月大时，别人对他微笑，他也会跟着笑起来。这是我们理解他人，发展同理心的基础。如果我们能让爱流动起来、相互传递，就能击退抑郁和绝望，让我们继续前行。

我们要想不让坏情绪继续传播，不如试试下面的办法。

1. 深呼吸。做3次深呼吸之后，是不是觉得自己的大脑冷静了一点？

2. 回家后将自己的枕头当作讨厌的那个人或者那件事，练习拳击，将自己的愤怒全部发泄在枕头上。

3. 假如朋友或者家人抓着你想要发脾气或者抱怨，给对方准备一杯热水或是对方喜欢的饮料，打断对方的发泄。

一个人最好的状态就是"敬之而不喜，侮之而不怒"。

不必抓着别人的小错不放

俗话说,得饶人处且饶人。凡事不能过于计较,不能抓着别人的过错不放。海纳百川,有容乃大,懂得宽容和理解别人也是一种美德。

"金无足赤,人无完人。"每个人都不是十全十美的,同样,在做事或者与人相处中,我们都不是圣人,不可能不犯错。但很多人在别人出现问题的时候不是先提出解决问题的建议,而是一直在强调"你错了"。

一名年轻员工与同事一起负责某个项目。不幸的是,由于双方的大意,项目出现了一些问题。尽管项目最终取得了成功,但花的时间要比预计的多。

在项目总结会议上,这个年轻人上台发言,只说了同事在项目中的失误和自己在项目中的优点。

与此相反,他的同事并未指责该年轻人,而是主动承认自己在项目中有不足之处。

当这个年轻人沾沾自喜于自己的小聪明时,却获知自己被降级,而他的同事则没有受到任何处分。

该年轻人对此感到非常不满,于是向领导反映情况。领导只是简单地回应道："这个项目里不仅你也有错误，还反映出你缺乏担当和德行。"

现实中很多人喜欢揪着别人的错误不放，其实赢的是道理，输的是感情。理直气壮抓着别人的错误不放，以此来证明自己是对的，结果使对方产生厌烦心理。久而久之，我们就会失去人心。

很多时候，我们总是抓住别人的一点小错不放，并不是真的想要伸张正义，也不是真的想要督促别人改正，不过是想用别人的错来掩盖自己的错。因为责备自己是很不好的体验，会让我们产生愧疚、烦闷、抑郁、自伤等情绪。出于自救，大脑会本能地找借口，推卸责任，一切似乎水到渠成，自然到我们自己都无法感知这个过程。

这种心理是典型的缺失关怀、缺失理解，以对抗、逆反寻求自我安慰，以别人的痛苦抚平自己的痛苦。很多时候，我们认不清自己，总是一厢情愿地要求外界，这样会一直生活在幻想中，所以处处感到无助和无力。

有的时候，有些人抓住别人的错误不放，也是为了显示自己的控制力和权力。我们试图通过批评和指责别人，来证明和巩固自己的权威和地位。

其实，宽容最容易使人感动，而感动能真正留住情感和创造价值。生气，是最愚蠢的选择，不要拿别人的错误，让自己伤心伤肺。而且碎碎叨叨的声音，像蚊子一样嗡嗡嗡，真的很难听。宽容别人的过错，也是放过自己。

心若放宽了，一切也就看淡了，若小肚鸡肠，只能处处都是计较，遍地都是抱怨。能够相识是莫大的缘分，能够相知是天大的幸运，人与人之间不妨多一些宽恕，少一些计较；多一些将心比心，少一些以怨报德。

战国时代，鲁国的高级将领吴起因遭受怀疑而投奔魏国。魏文侯向他的大臣征询意见:"吴起此人的品质如何?"

大臣如实回答:"吴起虽贪婪且好色,然而若论军事才能,即便是司马穰苴也难以与之匹敌。"

魏文侯并未深究吴起的私德问题,决定给予他重要职位。

没过多久,吴起便以其卓越的军事才能带领魏军屡创佳绩。魏文侯的宽容与智慧不仅赢得了吴起的深厚感激与忠诚,更为国家的繁荣作出了重要贡献。

作家王尔德曾说:"为了自己,我必须饶恕一些事。因为一个人,不能夜夜起身,在灵魂的园子里栽种荆棘。"越是较真,自己越痛苦;心若放宽,处处皆晴天。余生很珍贵,人生的下半场,越积越多的是年龄,越来越短的是时间,放下别人的错,解脱自己的心,转念便是万水千山。

当然,宽容别人的小错看似简单,实则很难。我们可以借鉴以下一些解决方法和思路。

避免放大思维

不论是谁出现失误,我们都应避免将问题扩大至人身攻击,以免负面情绪激增。因为对方微小的错误便全盘否定其付出与努力,乃至否定整个人,这种做法会令对方的心情骤然降至冰点。尤其不可对犯错的一方抱怨指责:"你连这点小事都搞不定,你太无能了。""你就是故意的,你太自私……"

实际上,我们常常因小事争吵,并非被琐碎之事或别人的错误所激怒,而是被过度放大的思维所误导。当矛盾发生时,对方的所有错误便充斥于我们的脑海,致使我们全面否定对方,认为对方毫无优点,从而导致矛盾升级。

反思自己的错误

当我们面对别人的错误时,也需要反思自己的行为和态度,看看自己有没有类似的习惯和毛病。有时候,我们也会犯错,而别人的错误恰恰提醒了我们自己的不足之处。我们需要从别人的错误里吸取经验教训,这样我们以后在回想起别人的错误时,就不再只是想要指责、翻旧账,而是会想起自己的收获。

放弃一段感情,凉一颗心很简单;建立一段感情,暖一颗心很难。越是厉害的人,越能掌控自己的情绪;越是有本事的人,越不会计较;越是聪明的人,越懂得宽恕别人。

第四章 对错翻篇：不追究，不较劲，向前看

原谅他人无意中的冒犯

《论语》中写道："人不知而不愠，不亦君子乎？"宽恕别人在不了解情况时的一点冒犯，是一种修养。

在纷繁复杂的人际交往中，我们时常会遭遇各种意料之外的情况，其中之一便是被他人无意中在某件小事上冒犯到。

晓雯长得比较娇小，只有一米五五。北京的地铁早高峰比沙丁鱼罐头还拥挤，晓雯觉得自己呼吸都不顺畅了。旁边的一个大哥拽着拉环太久拽累了，顺手就把胳膊搭在晓雯头顶。

晓雯拉了一下大哥的袖子，大哥才反应过来自己把胳膊搭在了晓雯的头顶，他急忙给晓雯道歉，说自己不是故意的。晓雯哭笑不得，又有点委屈，但还是原谅了大哥的无意之举。

有些人由于缺乏对他人感受的敏感性或社交技能不足、情商比较低，往往会在无意中冒犯别人。我们遇到的这种莫名其妙的社交灾难，主要源于社交时关注线程单一。有时候，我们在社交活动中会专注于某一焦点，而忽视情景中其他元素。也有时候，我们因为过于渴望在社交中展现地位、魅力、自尊、学识等，屏蔽了对其他人的认知共情。

除了冒犯者方面的原因之外，有些人常常容易感到被冒犯，而冒犯者完全感受不到自己的言行有什么问题。如果我们小时候在缺少爱和安全感的情况下去探索世界，成年后便很容易引发焦虑和感受到压力，任何事情都会让我们感到不安，导致敏感和过度反应。通常情况下，童年经历导致安全感匮乏的人更倾向于责备他人，并扮演受害者的角色。

不经意间的冒犯产生的原因是双向的、多样的，其他人不是我们自己，也并不知晓我们的个人情绪。所以得饶人处且饶人，面对这些冒犯，不妨一笑而过。

退一步海阔天空，忍一时风平浪静。包容宽恕对方无意中的冒犯，不仅仅是自己大度的体现，也是对对方的一种尊重。

俗话说"不知者不怪"，对于一件事，我们因为不了解而做错了，没关系，但是下次要吸取教训，不要再犯。对于一个人，我们因为不了解而不尊重，没关系，有修养的人自然不会介意我们的误会，时间会证明一切。

学着做自己的心灵捕手，宽恕别人，善待自己，不再为了几元钱伤了和气，不再为了几句口舌伤了彼此的感情。当我们拥有大格局和大气量的时候，世界是广阔的，天地之间也充满了回旋的余地。所以，我们不必把注意力浪费在计较蝇头小利上，也不必对他人的无心之过耿耿于怀。当我们不再斤斤计较时，无谓的利益冲突就会减少很多。

"我的脚步碾碎了紫罗兰，紫罗兰却在鞋底留下芬芳。"我们要想减少被无意冒犯时产生的误会和冲突，更好地宽恕对方，可以参考以下几点建议。

1.保持冷静和理智。当遭到冒犯时，我们尽量控制自己的情绪，不要让愤怒和冲动占据上风。

2.换位思考。试着站在对方的角度去思考问题,理解对方的立场和感受。这样做有助于我们更加客观地看待问题,减少误解和偏见。

3.在被冒犯之前向对方提问。如果我们不想被冒犯,就必须了解对方的态度和性格。为了了解,我们应该提前问对方一些问题,让自己内心清楚,大致了解双方的底线在哪里。

我们如果有见识和风度,就不会轻易发怒;宽恕别人的无心之过,便是我们的荣耀。学会宽容,人与人之间便会多几分理解,多几分感激。学会宽容,人世间便会多几分温暖,多几分关爱。

停止自责，宽恕犯错的自己

虽然说严于律己，宽以待人，但是有时候，我们如果不断地自责，就会陷入恶性循环之中，无法逃脱。

很多时候，我们都喜欢跟自己较劲，觉得自己这不好、那不对，犯一点小错就胡思乱想，自己吓唬自己。

在短篇小说《小公务员之死》中，小公务员在剧院看戏时不小心打了个喷嚏，将唾沫溅到了前排一个高级官员身上。小公务员非常害怕，他不断地向这位高官解释和道歉，弄得这位高官从一开始不以为意到最后大发雷霆。最终，小公务员因为过度担心这位高官的愤怒和惩罚而死。

适度地自我反思与自我批评，对于发现个人不足、增进对他人的理解大有裨益。然而，若此类反思与自责走向极端，便可能演变为一种心理防卫机制，暗示着我们内心深处对自身攻击性的过度抑制。

小说集《山月记》中写道："我深怕自己本非美玉，故而不敢加以刻苦琢磨，却又半信自己是块美玉，故又不肯碌碌无为，与瓦砾为伍。于是我渐渐脱离凡尘，疏远世人，结果便是一任愤懑与羞恨日益助长内心那怯弱的自尊心。"

过度自责，就像是一种令人上瘾的能力。我们沉迷于过度自责的游戏中，似乎就可以逃避失误之后的惩罚。尽管可能没有实质性的惩罚，但是这种防卫机制已经内化于心，一碰到类似的情况，就会启动防卫机制，狠狠地先自责一番。

比如，很多人在面对亲人时，不敢轻易发泄心中的怒火。我们潜意识中会有这样的担忧："一旦我向他们宣泄不满，他们便会对我加以惩罚、冷落或是遗弃。"正因如此，我们选择将这股怒火转向自己，不断发现自己的不足之处，以此来规避和他们的冲突与摩擦。

容易自责的人常常挖掘自己的缺点，主要因为内心的自卑。太过自卑会导致我们需要忍受更多不愿意承担的事情，不敢将过错抛出去，接下来就是责怪自己为什么那么没用，连拒绝都没有勇气。

除此之外，还因为我们心中都会对自己有完美渴望，在渴望完美的心底，往往有一个不自信、不能无条件地爱自己的内核。越是对自己狠，越是不满意，越是反复责备自己。

过度自责是没有必要的精神刑具，如果自己一犯错就开始自责，那也活得太累了。停下无止境的自责，我们才能活得自在。人非圣贤，孰能无过？我们会自责，这是因为我们迷了路，一味地陷入怨恨里，无法自拔。但是柳暗花明又一村，有时候即使我们迷路了，我们只要整理好自己，心里不再恐惧，内心不再自责，我们就能走出这漫长的迷宫。

对自己宽容，是一种不纠结于过往的洒脱。有人说："犯了错，记得立即原谅自己。"往者不可谏，来者犹可追。面对一些无法挽回的事情，需要我们学会放下。懂得释怀，才能走得更远。

原谅是一种解脱，是放下过去的枷锁，给自己重新开始的机会。我们每个人都会犯错、犯傻，这是由人类的本性所决定的。我们不是完美的机器，而是一个不断成长和学习的人。通过一次次试错，我们才能学习到更多东西。

我们与其在自责上浪费时间，不如想想下次怎么做。比如，上班迟到了，明天就提前10分钟出发；出门逛街把手机忘在商场厕所了，下次出门提醒自己握紧手机。

当我们在事后感到自责和悔恨时，可以试试用下面的方法来缓解自己的情绪，宽恕自己。

1.学会关注自己的优点和成就。将注意力放在自己的优点和擅长的领域上，增强自信心，从而减轻自责的压力。

2.一旦内疚感在心里滋生，我们可以把它们"拿"出来，记在日记里。记录好时间以及我们感觉不好的原因，然后每隔几周重新访问条目。在这些记录中寻找任何可能有助于解释我们内疚的根本原因，只有了解根本原因，我们才能尽力规避。

3.养成每天至少说一次"不"的习惯。这样我们会重新掌控自己的生活，并意识到我们每次拒绝额外的负担时，无须感到内疚。

人生的每个阶段都拥有独特的故事和经历。无须过度自责，放下负面情绪，我们应该宽容自己并接受自己的不完美。放下自责，重整心情，我们可以更好地处理问题，更快地迈向成功。

就事论事，才是避免矛盾升级的态度

很多人在争吵和发生矛盾时，喜欢翻旧账。旧账就是我们心中的一个个"痛处"，当时可能不会产生多大影响，但是在漫长的岁月中被一次次翻出来，就会隐隐作痛，这是相当折磨人的。

很多时候，两个人因矛盾发生争吵，吵着吵着就会偏离主题，忘了为什么而吵。最后就成了发泄情绪，借题发挥，互相攻击，为了吵而吵，不闹到不可开交的地步决不罢休。争吵中的两个人往往因为生气而说出绝情的话来气对方。或许说的人不在意，但是听的人会记在心里，成为心结，最终导致两个人关系破裂。

老师对学生说："你上次作弊被抓，这次这么高分是自己考的吗？"

妻子对丈夫说："上个月找你的那个女同事，现在是否还在联系？我就不信你们是在谈工作！"

父亲对儿子说："你小时候就有这毛病，家里钱丢了不是你干的还能是谁？"

相信我们都听过类似的话，感觉只是听到话头就火冒三丈。

其实，翻旧账的背后也隐藏了一种诉求，那就是"你伤害了我，你要补偿我"。我们企图用翻旧账的方式来表达自己想要被满足的渴望，我们一直试图用这样的方式，在吵架时告诉对方，你需要对我好。

我们开口吵架，可能是因为我们发现了一点小问题。而导致小问题产生的根本原因，是我们之前在解决相似问题的时候，没有从源头上解决这些问题。为什么有些人喜欢翻旧账，就是因为我们觉得当初还没有解决的事情，更能戳到一个人的痛处，能让那个人产生更愧疚的心态，从而改变那个人的某种行为。

精神分析学家比昂提出过一个概念，有限和无限。每个人的感受，都像一座大大的冰山。大家都只能看到水平面上方的部分，这部分就是"有限"的，而藏在水平面下方更巨大的部分，才是我们会延伸出的"无限"感受。

如果总是用隐藏的"无限"部分沟通，最后的结果只能是冰山的碰撞。而"有限"就是不随意扩展自己的感受，不肆意评价对方的行为，只看水平面上方的冰山一角。

我们在相处中吵架、意见不合实属正常。但我们彼此应该有相处的底线，这样的底线就是在产生问题时不要借题发挥、翻旧账。翻旧账非但不能解决问题，还会使我们的关系持续恶化，导致最终分道扬镳。就事论事，不言语攻击，不道德绑架，才能化解矛盾，避免矛盾升级。避免陷入为了吵而吵的情况当中，避免引发一些不必要的麻烦，导致误会加重。

唐朝名将郭子仪平定安史之乱，功劳巨大，很多人都觉得他可能会走上造反的道路，就连皇帝都不免在心里犯嘀咕。

有一次，他的祖坟被人刨了，很多大臣都认为是鱼朝恩干的，因为鱼朝恩总是跟郭子仪作对，看不惯郭子仪。许多人猜测这次郭子仪肯定要造反了，毕竟郭子仪可是大将军，他肯定受不了。

第四章 对错翻篇：不追究，不较劲，向前看

郭子仪却表现得极为镇定。他首先从事件本身入手，进行细致的调查。结果发现，并无确凿证据表明此事是鱼朝恩所为，有可能是普通的盗贼，或是朝中有人在故意挑拨自己和鱼朝恩之间的关系。

于是，他向皇帝坦诚道："此次事件暴露出我在治理上的不足，连自己的祖坟都无法保全，实乃我个人之过失。"听闻此言，皇帝心中的疑虑顿时烟消云散。

如果两个人对解决某件事能达成就事论事的共识，那无疑是一种幸运，因为双方都发自内心地承认对方绝对有资格跟自己讲道理。这是对事实的尊重，也是对彼此的尊重。

那么我们如何在矛盾发生时就事论事呢？

1.对事不对人。一件事做得不对，就只针对这件事来争论，不能针对做这件事的人。因为事情简单，而人是复杂的。一旦焦点转移到人身上，双方就会变得不客观，铆着劲地想要吵赢对方。但我们只需要解决问题，而不是创造出更多新问题。

2.避免情绪化的语言。面对能引起我们消极情绪的吵架原因，直白地说出要求，尽量客观地进行描述，获得对方的理解，避免情绪化的、冲动的语言脱口而出，伤害彼此。

无论什么样的矛盾、什么样的争吵，最好就事论事、大事化小、小事化了，不要动不动就说令人心寒的话。一两次可以原谅，次数多了，哪怕最后和好，我们之间的关系也再回不到最初的状态。

有一种智慧，叫不与烂人烂事纠缠

作家周国平曾说："人生要有不较劲的智慧。"常与同好争高下，不与傻瓜论短长。与其与垃圾纠缠不清，不如做自己喜欢的事，让自己活得更通透。

总有一些人，会毫无缘由地给我们造成伤害，我们往往无法预料那些平日里与我们谈笑风生的人，在背后竟隐藏着恶意。

这些人当面一套背后一套，完全不讲信用，而且心态也不稳定，总是令人难以捉摸。他们就像隐藏在我们身边的定时炸弹，不知道什么时候就会爆炸，每次遇到都会给我们带来深深的伤害。

一头狮子无意中激怒了一只蚊子。这只蚊子愤怒地召集了它的家族成员，共同对狮子展开了一场复仇行动。然而，狮子却淡定自若地继续它的生活，对周围蚊子发出的嗡嗡声置若罔闻，从头到尾都没有正眼瞧过这些小小的攻击者。

最终，蚊子认为它已经成功地报复了狮子，便心满意足地飞走了。

与此同时，另一只狮子的鼻子也遭遇了蚊子的骚扰。为了驱赶这些烦人的小生物，它竟然用巨大的爪子疯狂地拍打自己的脸，结果不仅没能有效地驱赶蚊子，反而把自己的脸打得又红又肿。当其他狮子在专心狩猎的时候，它却在与蚊子纠缠不休。等它意识到自己的错误时，已经错过了捕猎的最佳时机，只能无奈地饿肚子。

不要与烂人争辩，因为我们的层次不同。与烂人烂事纠缠，无论结局怎样，我们都是输家。《荀子》有言："蓬生麻中，不扶而直；白沙在涅，与之俱黑。"与优秀的人为伍，会变得优秀；和烂人相伴，会变得更烂。烂人，就像是一场瘟疫，既然明知有感染的风险，就不要冒险靠近。

破甑不顾，定者无感。多数烂事一旦发生，都是覆水难收，无可挽回的。我们要学会看开、放下，因为纠缠在过去的痛苦里，于事无补，还可能造成二次伤害。

不纠结于烂人烂事，看似宽恕了他人，实则解脱了自己。这种超脱不仅是一种生活态度，更是深邃智慧的体现。那些胸怀宽广的人，往往不会在这种无谓之事上纠缠不休。我们越是在意一件事情，就越容易被它压垮。相反，如果我们把它看得很平常，就能够轻松地渡过难关。

寒山问曰："世间有人谤我、欺我、辱我、笑我、轻我、贱我、恶我、骗我，该如何处之乎？"

拾得答曰："只需忍他、让他、由他、避他、耐他、敬他、不要理他，再待几年，你且看他。"

遇到烂人不纠缠，做好自己，时间会给我们最好的回报。我们自己的时间非常珍贵，不能消耗在无意义的事情上。我们安安静静过自己的生活，把自己经营好，比什么都重要。

有人说："不该太清醒，过去的事情就让它过去，不必反复咀嚼，一生不长，重要的事也没那么多，天亮了，又赚了。"面对这些烂人烂事，我们要学会放下，以下几点建议可以给我们提供帮助。

翻篇是一种能力

1.拥有当断则断的勇气。当断则断可以保护自己不受进一步的伤害。我们如果觉得这些事情已经影响到自己了，就应立刻切割，及时止损，快速远离，不要犹豫。

2.保持冷静。不要让情绪冲昏头脑，不要失去耐性。先静下心，忽略对方的言论，把我们手边重要的事情完成之后，再调整自己的心情。

3.设立边界。处理烂人烂事时，我们需要学会设定必要的边界，保护自己的利益和尊严。这意味着我们要明确表达自己的需求和期望，并坚决守住自己的底线。

可叹人生有限身，终朝长是困嚣尘。每个人的一生，时间都是有限的，困在烂人烂事的尘嚣里久了，人生也就荒废了。人生无常，要懂得珍惜，余生很珍贵，请别浪费。

牛奶打翻了，不指责是修养

西方有句谚语："不要为打翻的牛奶哭泣。"指的是事情既然已经发生，不管如何责备也无法挽回，那就不要为了已经犯下的错误而过多指责，不如冷静下来好好想想解决办法，寻求下一个转机。

在生活中，我们难免会遇到工作任务紧、交通拥堵、吃饭被插队、小孩很调皮等让人烦心的事，于是抱怨、批评、责备。我们常常听人抱怨："你为什么连这点事都做不好？""每天总有一些倒霉的事缠着我，怎么就不让我消停一下呢？"

"良言一句三冬暖，恶语伤人六月寒。"人生在世，所有人的经历遭遇都各不相同，所以看待事情的角度也不同。未经他人苦，就不要随意指责别人。抱怨和责备一出口，就意味着伤害。一个小伤口一旦撕裂便是一片血色。而很多伤害，都是无法治愈的。

有这样一个故事。

早上洗漱时，蒙格将自己的眼镜放到洗手台上。他的妻子怕眼镜被水溅到，便随手将其放到餐桌上。然而，当他们的儿子走向餐桌准备拿面包时，不慎将眼镜碰到了地上，镜片被摔碎了。

翻篇是一种能力

面对此情此景，蒙格十分心疼，随即揍了儿子一顿，并怒气冲冲地向妻子表达了不满。妻子则反驳道，她这么做是为了避免眼镜被水溅湿。蒙格则说，眼镜被水溅湿擦擦就好，现在都没法戴了。两人之间的争吵愈演愈烈，一时冲动之下，蒙格甚至忘记了吃早餐，便匆匆驾车前往公司。然而，在快到公司之际，蒙格猛然意识到自己忘带公文包了，于是又急忙掉头回家。

不幸的是，妻子去上班了，儿子去上学了，蒙格没带钥匙进不了门，只好打电话向妻子要钥匙。

妻子匆忙地往家赶时，不小心撞翻了路边的小摊，摊主拉住她不让她走，要她赔偿，她不得不赔偿一大笔钱才脱身。

当蒙格拿到包时，他已经迟到了15分钟。在挨了上司一顿严厉批评之后，蒙格的心情坏到了极点。妻子也因突然回家没有请假，被扣除当月全勤奖。儿子当天上午参加篮球赛，原本夺冠有望，却因心情不好发挥失常，导致队伍第一局就被淘汰了。

美国社会心理学家费斯汀格有一个很出名的判断，被人们称为费斯汀格法则，即：生活中的10%是由发生在我们身上的事情组成，而另外的90%则是由我们对这些事情如何反应所决定。换言之，生活中有10%的事情是我们无法掌控的，而另外的90%却是我们能掌控的。在上面这个案例中，眼镜摔坏是其中的10%，后面一系列事情就是另外的90%，都是由于当事人没有很好地掌控那90%，才导致这一天成为闹心的一天。

往往人一开始抱怨，事情就会迅速朝他抱怨的方向前进。很多时候，困住我们的不是眼前的事，而是自己的情绪。面对一件不幸的事件，我们可以大发雷霆、怨天尤人，甚至责备所有人，但事情却不会因为这样做而有丝毫改变。

第四章 对错翻篇：不追究，不较劲，向前看

人生中最难的，就是在遇事时不指责他人。当你发现可以指责的人越来越少，你发出的指责之声越来越小，你也就越来越成熟。躬自厚而薄责于人，凡事多从自己身上找原因，而不是一味地责备别人，才会远离他人的怨恨。

一位实习护士迎来了她的首次注射任务。她的第一位患者，是一位血管异常纤细的女士，这让新手护士感到相当焦虑。

护士专注地定位，屏息凝神，缓缓地将针头刺入皮肤。遗憾的是，针并没有扎入血管。她立刻拔出针头，深呼吸一下，尝试了第二次。

结果，针还是扎歪了。眼看着针眼处鼓起青包，护士心里有点慌。女士看出了护士的不安，说道："不要紧，你别慌，再试一次。"女士温和的话语，让护士原本很慌乱的心慢慢地平静下来。她鼓起勇气，调整呼吸，又扎了下去。第三针，终于成功了。

《增广贤文》中说："以责人之心责己，以恕己之心恕人。"如果我们在指责别人之前，先反思自己，我们就会明白每个人都有自己的难处。如果我们能做到像容忍自己一样去容忍别人，生活里就会少许多计较。

当我们遇到一些问题，想要抱怨和指责别人时，不妨采用下面这些办法。

1.抓住10%的根本。抓住问题的本源，解决源头，即使吵架也要就事论事，就围绕这最原本的10%，而不是借题发挥，让剩下的90%都充满怨怼。

2.积极地沟通。当亲近的人表现得不尽如人意时，不急着指责对方，先好好沟通，避免因为指责而发生一些不愉快的事情。实在忍不住想要对另一半发火，记得不说伤人的话。可以用30秒做深呼吸，先让自己冷静下来，再客观地表达事实和感受。

不乱于心，不困于情。不畏将来，不念过往。若不是心宽似海，哪有人生的风平浪静？真正有智慧的人，给别人留有台阶，更给自己留有退路。回过头想想，人生路上，欢声笑语也好，冷嘲热讽也罢，如果每一个声音我们都要上前答对一番，人生必将少了很多精彩。

有人说："一个成熟的人，往往发觉可以责怪的人越来越少，人人都有他的难处。"换位思考，理解对方的处境和感受，不轻易指责，不随便刁难，这才是一个人的顶级魅力。

停止追逐错误的，才有机会遇见对的

有学者说："如果方向错了，停止就是进步。"如果方向错了，我们还继续往前走，只会离最初的目的地越来越远。

有人说："我命由我不由天，我就要死磕到底。"然而，盲目执着，不顾实际，只会事倍功半。

两只蚂蚁来到一堵墙面前，想要翻过去，寻找另一边的食物。

一只蚂蚁看着高高的墙壁，毫不犹豫地向上爬去。可是每当它爬到一半时，就会因为太累而跌回墙脚。不过它丝毫不气馁，一次次跌下来，又迅速地调整自己，重新向上爬去。

另一只蚂蚁观察了一下，决定绕过墙去。很快地，它绕过墙并找到了食物，开始享用起来；而另一只蚂蚁还在不停地跌落，又重新开始攀爬。

许多人在选择了一个自认为合适的方向后，就拼命努力，即使事与愿违，也不愿变换思维，重新作出选择。结果，因为错误的选择导致一生都活在失败中。而那些无效的努力，最终只能感动自己。

人生，正如林中蜿蜒曲折的小路，我们只能选择其中一条走到尽头。向左走？向右走？人生充满了选择，每个人的选择不同，也因为各自的选择而书写了不同的结局。适合自己的，才是最好的。要想清楚，我们是什么样的人，以后要成为什么样的人，然后再行动，这样才会事半功倍。

看清自己要选择的方向很难。我们因为身在山中，所以无法窥探山的全貌。只有跳出这座山，站在更高的山上，我们才能看清之前所处的这座山，以及自己的位置和处境。

不管做什么事，我们都要学会跳出眼前的固化思维。如果一味埋头苦干，往往会走进死胡同，这时候就需要跳出来，从旁观者的角度看一下自己的所为，看看是否找对了方向。

筠宜曾是一名西班牙语翻译和金融理财师，但冰冷的金融数据很快让她感到厌烦。筠宜在社交平台分享了很多自己出差时的经历，漂亮的文字加上照片让她成了小有名气的旅游博主。筠宜作出了一个大胆的决定：辞职，去当一个全职的旅游博主。

看到有的国家把民族服饰作为旅游特色项目，热爱汉服和传统文化的筠宜又由此萌生了创业的想法，于是创立了自己的汉服体验馆。

创业的艰辛超出她的想象。从萌生创业想法、制订方案、寻找合伙人、选址、拿着方案找了不少于100个投资人谈融资，到店面成功试营业，她都一手操办。好在功夫不负有心人，她的品牌名气逐步提升，在线上了解产品、预约体验的消费者数量稳步增长，她的生意越来越红火。

"留在博物馆的只是文物，能让我们穿着走上街头的才能成为潮流。"筠宜自己做汉服体验馆的目的不是让人们回到过去，而是让汉服走入现代人的生活当中。在传播汉服文化的路上，她乐在其中，并决定在汉服造型师的新职业之路上继续探索。

当面对事情的时候，我们只从一个角度去考量，不懂得打开自己的思路，往往会在同一个问题上犯错误，重走之前的错路。要想摆脱这种困境，我们需要拓宽自己的思路，摒弃执念。

当我们发现自己努力的方向错了，停止就是止损，不要有任何侥幸心理。当我们发现人生方向有误时，更要及时停下来，重新审视自己的行动计划，并找到正确的方向，继续前行。

遇到困境，每个人都希望自己能够翻盘，而不是坐以待毙。但很少有人想到，彻底放弃、重新开始也是一种方法。或者想到了，也没有勇气付诸行动。

比起死磕到底，及时止损才是真正的智慧。我们没办法未卜先知，唯一可以做的就是按照自己目前的认知，作出当下最好的选择。最好的往往不是最正确的，而这一点需要用时间来验证。如果有一天，时间给出的答案是错误的，那么就不必强行坚持，当断不断，反受其乱。

鲁迅以前学医是为了给人治病，后来明白这样解决不了当时社会的痼疾，毅然弃医从文，用文字治疗那个时代人的心病，唤醒觉悟，成为一代文豪。

第五章

遗憾翻篇：别后悔，别惋惜，不完美才是人生

跳出反刍思维，过去的蠢事要翻篇

我们的心就像一杯茶，如果一直被搅动，就不可能沉淀出清澈的茶汤。将茶静置一段时间，让烦恼和忧虑慢慢沉淀，茶水才能清澈明净。

有些人会一直回想那些给自己带来羞耻和不安的画面，思虑过重，想太多，愁太甚，永远处在焦虑状态下。

失恋了，在洗澡的时候还伴着冲水声反思自己到底说错了哪句话；白天被领导骂了，晚上睡不着裹在被子里滚来滚去，脑子里一直回放白天被骂的场景；被陌生人喊了名字，回头却发现喊的不是自己，事后一直觉得尴尬丢人。

电视剧《武林外传》中，佟湘玉的这段话让人印象深刻："我错了，我真的错了，我从一开始就不应该嫁过来。如果我不嫁过来，我的夫君也不会死，如果我的夫君不死，我也不会沦落到这么一个伤心的地方。如果我不沦落到这么一个伤心的地方，我也就不用受你们气了……"

这种揪着自己黑历史不放的思维习惯，在心理学中被定义为反刍。这是一种持续的思维模式，特点是以自我为中心、以过去为主导、集中于负面内容，而且很容易陷入停不下来的恶性循环中。

第五章 遗憾翻篇：别后悔，别惋惜，不完美才是人生

反刍思维分为两部分——强迫思考和反省深思。

强迫思考的过程可能会给我们带来某种帮助，因为要提出解决方案，我们首先需要对该事件进行一些思考。同时，思考也可以帮助我们处理与这个事件相关联的强烈情绪。

但是到了反刍思维的反省深思阶段，它就像是"鬼打墙"一样，让我们稍不注意就会陷入迷雾，找不到出路。而它所带来的负面情绪更像是一个泥沼，让人深陷其中，失去自我救赎的力气。反刍思维还会让我们的消极情绪持续更久，一直影响我们的生活。

其实，有时候陷入反刍思维中有一部分原因是因为我们长期处在不可控的压力下，反刍会把问题揽到我们自己身上。我们会通过一套僵化的标准控制一切，一旦超出自己的预期就对这些事情进行打压，以获得一种掌控感，企图借此缓解压力。

抑或，我们每个人或多或少都有一些完美主义倾向，而完美主义者自我监控度更高，也希望自己能够尽量满足他人期待。这让我们对自己不够好的行为难以释怀。

心理学家弗洛伊德曾说："我们必须学会接受生活中的不完美，并且要学会宽恕自己和他人。只有这样，我们才能真正获得内心的平静。"当我们学会放下反刍思维的负担，不再钻牛角尖时，我们发现自己会变得轻松很多。生活不需要被过度解析，它只需要被体验。

我们可以适当地反省自己，但绝不能一直反复咀嚼这些消极情绪。要破除反刍思维带来的困扰，我们可以参考以下方法。

1.设定反思时间。如果我们暂时还没办法让自己停下来，那就主动把它纳入自己每天的生活。给自己设定一个反思时间，比如每天晚上9点到10点用于反思。而其他时间不要让反刍思维影响自己。

2.自我对话。当出现反刍思维时，试着用温和、支持性的语气和自己对话，比如"我可以处理这个问题""这只是暂时的"。在与自己对话时，我们可以尝试用事实和逻辑来检验自己的思维，问自己这些想法是否有道理，是否过于夸大。

其实人生不必太用力，与其对过去的事满腹牢骚，不如做一个"难得糊涂"的人，别想太多，不时地将我们的心灵垃圾清理出去。

下次犯错的时候，不妨安慰一下自己："这没有什么，多大的事啊！"

我们最终会发现，其实，真的没什么。

有遗憾的青春，才是完美的

我们的人生不是写好的剧本，青春也不是剧本里刻板的章节，只有故事才有固定的走向和结局，而生活没有。一切不过是顺其自然地发生，又恰如其分地结束而已。

青春，是一个很复杂的名词，明明富有生命力却又掺杂着伤感的气息。提到青春，总是让人忍不住回忆起那段青涩、懵懂无畏又热烈的时光，也许正是因为我们记忆里的青春太过美好，所以在清楚地知道它一去不复返后才越发显得伤感。

有多少人曾幻想过自己如果有机会回到那段时光，一定要将遗憾弥补，并且以一颗成熟的心，再次去体验青春的火热。可是幻想终归是幻想，在每一次梦醒时分，幻想里的美好都会提醒我们，那些在青春里留下的遗憾。

遗憾，是青春绕不开的话题，但也许正因为有遗憾的存在，青春才是完美的。因为遗憾，才使得我们对青春更加念念不忘。

《那些年，我们一起追的女孩》里的沈佳宜，长相漂亮、学习成绩优异，在班上有很多男生都喜欢她。柯景腾是个学渣，成绩在班上倒数，他也喜欢沈佳宜。为了能够引起对方注意，他决定努力学习。他与沈佳宜打赌，如果他的考试成绩能够超过她，她就要扎一个月的马尾；如果他输了，他就剃光头。结果柯景腾输了，他如约剃了光头，但是沈佳宜也扎起了马尾。这是两个人的默契，也是彼此的羁绊。

当他们一起放孔明灯时，柯景腾问沈佳宜喜不喜欢他。他明明很想知道答案，但是又害怕她回复的不是自己想要的答案，所以让沈佳宜不要现在告诉他。可他不知道的是，沈佳宜当时的答案其实是愿意做他的女朋友。可惜，等他知道沈佳宜也喜欢他的时候，已经晚了。

沈佳宜在电影的片头嫁给了另外一个人，柯景腾以朋友的身份在场观礼。电影最开始，就已经告诉了观众他们青春的结局。

青春总是有太多错过、误会、后知后觉，还未学会勇敢，已经被迫告别。我们总觉得时间还长，机会还有，总是因年少羞怯而错过表达心意的时机，却不知道，心中想的"下一次"已经不会再出现了。

也许在某一刻，我们已经见过了彼此的最后一面，可是相见时却不知道那是最后一面。来不及说出口的话，就那样停留在了某一天，再没有让对方知晓的机会。于是，我们不免会幻想，如果早一点捅破那层窗户纸，结局会不会不一样？可惜，现实没有如果，只有遗憾悄然在青春里扎根，而思念在未来的岁月里疯长。

但青春里有遗憾，不代表它不完美。恰恰相反，正是这些遗憾令青春的色彩更加绚烂。青春是我们人生中一个充满探索和尝试的阶段，遗憾总是难免。它的存在留存了成长的痕迹，让青春的色彩在我们的人生中变得更浓重，也更清晰。

懵懂而青涩是青春的底色，初生牛犊拥有肆意张扬的性格和野蛮生长的韧劲，在生活里横冲直撞，慢慢地探索、得到，又失去。一开始以为得到便能永远拥有，却在失去时才意识到没有什么永远，而想挽回又往往为时已晚，遗憾在懵懂间发芽。

于是在下一次同样有所获得时，我们会倍加珍惜，并想尽办法避免上一次的遗憾发生。青春里的遗憾，也成为一种教你成长的经验。

小婉在幼时与一个相交甚笃的朋友约定，要做永远的好朋友。她向朋友承诺，在考试后会送给她一个礼物。可惜她的朋友在考试之前就转学到了外地，两个人从此失去了联系。当小婉想起那个承诺的时候，却发现自己没有好朋友的联系方式。而且两个人曾以为会常常见面，所以连合影都没有照过，以至于后来连思念都只有模糊的脸。

从此之后，小婉再与朋友相处时，都会提议多拍一些照片，恨不得将每时每刻的快乐都记录下来，也会留下每一个将要分别的朋友的联系方式，不想再在友情里留下遗憾。

友谊，在青春的岁月里灿烂而耀眼。可是，再怎样形影不离的朋友，也会随着时光的流逝而渐行渐远，让友谊不得不以遗憾收尾。正是这些遗憾让我们明白了友谊的可贵，更让我们学会珍惜身边的每一位朋友。

青春，本就是遗憾与欢喜交织。遗憾告诉我们，生活不只有阳光普照的欢喜，还有阴影笼罩的黑暗。青春的遗憾让我们得以在人生早期，体会到机会错过的悔恨和梦想未竟的痛苦，也学会拥抱生活的不完美。而这些都将成为我们迈向未来的动力。

有人说："青春会使人犯下各种过错，但这些过错正是走向人生的见面礼。"所以，别害怕在青春里留下遗憾。遗憾让青春的存在变得更加真实可爱，也是让青春的记忆永远生动而鲜活的关键。

抓不住又挽不回的遗憾，不如选择放开手、向前走，只留回忆在往后的日子里生根。若是遗憾太重，就给自己足够的时间来疗愈和释怀，别急着摆脱。要相信，时间总会让你逐渐走出来的。

当你再提起青春里的遗憾，眼里不再有无奈、心中不再有不甘时，便是你真正释怀的时刻。

对于错过的机会，不必耿耿于怀

希望总是生长在未来的。与过去的错过握手言和，让往事随时光而逝，也许新的转机就在不远处向你招手。

生活中，有很多人在面临选择时，常常纠结犹豫，既害怕错过一个好机会，又担心无法承担选择错误的后果。可是，在作选择之前，我们往往不能预料事情的结果，所以总是后知后觉，回想起来才惊觉自己似乎错过了一个机会。

对于错过，我们的第一反应大多是遗憾，有时甚至为此耿耿于怀，寝食难安，以至于过不好后来的人生。然而，生命有其规律，有失就有得，有成功就有失败，我们虽然错过了一些机会，但也许会在另外一个地方遇见更好的，这或许也是一种变相的幸运。

一个喜欢摄影的年轻人看上了一家外地公司，坐飞机去当地面试，却因航班延误而错过了心仪公司面试的时间，也失去了进入那家公司的机会。反正已经来到这座城市，于是他顺势在当地待了好多天，边旅游边拍照。

有朋友为他的放松感到惊讶："你不遗憾吗？差一点就能进入那个公

第五章 遗憾翻篇：别后悔，别惋惜，不完美才是人生

司。"年轻人说："遗憾总是有的，但是即便我一直为此懊恼，事情也已经改变不了了，又何必一直耿耿于怀呢？"

年轻人继续自己的旅行，没想到他的摄影风格竟然受到了很多人的喜欢，纷纷找他拍摄。他收到了源源不断的订单，人也在那里越待越久，最后干脆在当地开了家摄影店，生意做得风生水起。当朋友再次提到错过面试的事情时，他说自己连遗憾也没有了。

错过，不是"错"，是"过"，过去的"过"。错过的机会，就已经是过去的事情了，再怎么后悔和遗憾，除了让我们自己陷入负面情绪中，持续地让自己的状态低迷外，根本不会改变什么。如果当下你觉得自己错失了一个机会，就接纳此刻最真实的结果吧，有时接受失去便是允许得到。

错过一个机会并不见得一定是坏事，因为一个机会是否适合你，只有通过实践才能知道，既然你已经错过，自然没有实践的机会了，那么光凭想象，谁又能保证错过的机会就适合你呢？也许真正适合你的机会即将降临。

错过的就让它过去吧，人生在世，有无数你看得见或是看不见的机会，而你能够意识到或是意识不到的错过自然也会有无数次，你实在不必为错过的机会耿耿于怀。错过了落日余晖，满天繁星同样值得期待。有些错过，也许是为了拥有一份更大的幸运。

你要知道，人生就是不断错过，又不断拥有的过程，无论是人还是事。错过一个机会不是什么大不了的事，因为你还有很多寻找并把握新机会的可能。错过也不意味着失去，每一次机会的错过，其实也可以看作下一次机会的开始。最重要的是，你要从这次错过中，总结经验教训，思考如何在下一次机会降临时牢牢把握。

与其总是在意自己因错过而失去的，不如思考一下哪怕错过了这次机

会，自己还拥有多少东西。有时候，你仔细整理一番思绪就会发现，自己拥有的远比自己下意识想到的东西更多。所以，请把你宝贵的时间和精力留给此时此刻，珍惜拥有的一切，别因错过而悔恨。

带着拥有的一切继续往前走，哪怕错过也不要回头，更不要停止前行。在接下来的人生之路上，你会遇到新的人，看见新的风景，同样也会发现新的机会。

若把人生比作长路，你可以想象自己拥有一个长久陪伴的导航仪，它会在你每一次错过转向的路口时，对你说："正在为您重新规划路线。"然后带着你，走重新规划的那条路。也许你会发现，那条路竟意外的合适。

人生从来不是只有一条路，所谓路线不过是其中一个选择而已。如果你错过了最开始设定的那条路线上的转向机会，不如静待第二个机会的到来。若是看不见新的机会，那就先做好眼前之事，当机会到来时，再竭尽所能一试。

未来鲜亮可期，只要你一直向前、向阳奔跑，自会岁月生香。

第五章 遗憾翻篇：别后悔，别惋惜，不完美才是人生

永远不要美化你没有选择的那条路

我们习惯性地羡慕别人的生活，可是当真正经历了别人所经历的一切时就会发现，那其实与自己想要的并不相同。

一路走来，我们总是面临各种各样的选择，正是这无数种选择的结果，构成了我们现在的生活。

尽管在作某些选择之时，我们慎之又慎，可偶尔还是会产生这样一种想法："要是我当初那样选就好了……"似乎在我们下意识的想法中，没有被我们选择的那条路更好。

于是我们忍不住地一次次沉湎于过去，并在回忆中不断后悔、懊丧，恨不得乘坐时光机回到作选择的那一刻，重新开始。可是世界上没有时光机，已经作好的选择也没有从头再来的机会。

那么，没有选择的那条路真的比现在这条路更好吗？明明没有人用实践证明过这件事，为什么我们总会想当然地认为答案是肯定的呢？

我们之所以常常后悔，是由于我们对自己现阶段的状态并不满意，幻想着重来会让此刻的境况变得更好。

事实上，当我们回首沉思就会发现，当初有无数种因素推动着我们作

119

翻篇是一种能力

出了那样的选择。即便重来一次，以我们当时的心智和阅历，也很难作出比当时更好的选择了。我们不能要求过去的自己拥有现在的见解和判断力，所以，这是一个无解的命题。

而且，我们会觉得未选择的路更好，这其实源于一种叫作魅力的错觉。《贪婪的多巴胺》中说："魅力是种美丽的错觉，它给人以超越普通的生活、实现梦想的希望，但是过多的信息会破坏这个神奇的咒语。"

未选择的路或未得到的东西，都会让我们产生这种错觉。因为不了解，所以我们会不自觉地用想象赋予它们一层滤镜，让它们在脑海中的印象变得越发美好。对这些事物的滤镜会模糊我们对现实的感知，让它们的魅力更甚。

你所认为的，未选择的那条路更好，实际上只是一种幻想。真正了解后就会发现，其实那条路也不过如此。

有一个和尚和一个农夫，分别住在一条河的两岸。和尚每天看着农夫日出而作、日落而息的生活，感觉很有意思，非常向往。农夫看着和尚每天都只是念念经、敲敲钟，不用像自己一样下地辛苦劳作，非常羡慕。有一天，二人在桥上相遇，便告诉了对方自己的羡慕之情。两个人经商量后决定互换身份，农夫到庙里诵经，和尚到田地劳作。

没多久，农夫就觉得和尚的生活只是看起来悠闲自在，实际上枯燥又无聊；而和尚也觉得农夫的生活一点儿都不好，不仅身体上累，还要应付各种世俗之事，这都让他痛苦不已。这时，两个人都意识到，还是原来的生活更适合自己。于是，他们各自又换回了身份，过上了原来的日子，之后果然觉得舒服了不少。

有时候，你在羡慕别人生活的同时，别人也在羡慕你。因为你们都只看见了对方生活中的美好和如意，却没有看到这份美好背后的辛酸苦累。你们羡慕的并不是对方的生活，只是对方生活里的收获而已。可是每个人生活里的收获都不是轻松获得的，越是看起来令人羡慕，背后的付出越是艰辛。

你不必美化那条自己未曾选择的路，也不用羡慕别人的路走得多么顺畅无忧。因为世界上没有哪条路是好走的，而你只是将自己的想象当作了未知的面貌，所以才显得另外的选择那么好。

人生的每一条路上，都是鲜花、机遇与荆棘、风雨并存的。我们也都有自己的路要走，没有人能和另外一个人走一模一样的路。脚踏实地走好自己的每一步就好，旁人的生活与你无关。

人生其实很简单，少回忆当初，少观察别人，多专注自己，潜心走自己的路。

如果你害怕未来自己会因所作的决定后悔，不妨给自己的选择举行一个小小的仪式，比如用笔写下这个选择，以及作出选择的原因和作出选择后想要发展的方向等。这样，等将来某一天，你为此产生了后悔的想法时，可以对自己说："我已经尽力了。"凡事只要尽力，便没什么可后悔的。

如果已经作出了令自己后悔的选择，那也别耽于悔恨的情绪，你可以思考让自己后悔的原因，总结其中的经验教训，并问问自己：有哪些是可以改变的，又有哪些是改变不了的？放下那些注定不能改变的事情，为那些能够改变的事情做好计划并付诸行动，这有助于你减轻后悔和遗憾的情绪。

我们没有提前预知结果的能力，自然不能永远作出最正确的选择。与其悔恨当初，不如大步前行。谁说看上去鲜花烂漫的路就是最好的？如果脚下的路荆棘遍布，那就自己撒上鲜花的种子，让它因为你而花团锦簇。

既然前行是不可逆的选择，那就忠于现在的选择，永远相信脚下的路就是最好的路。

那些得不到的，不要再惦记

我们之所以生活得疲惫又痛苦，大多源于想要得到的太多，而真正得到的太少。求而不得的不甘心，就成为一种折磨。

"得不到的才是最好的。"我们似乎总会下意识地产生这样的想法。得到的时候不懂珍惜，得不到的却总以为是最好的。

正如歌曲《红玫瑰》的歌词所写的那样："得不到的永远在骚动，被偏爱的都有恃无恐。"这首歌是根据小说《红玫瑰与白玫瑰》填的词，小说作者张爱玲在书中写道：

"也许每个男子全都有过这样的两个女人，至少两个。娶了红玫瑰，久而久之，红的变成了墙上的一抹蚊子血，白的还是'床前明月光'；娶了白玫瑰，白的便是衣服上沾的一粒饭黏子，红的却是心口上的一颗朱砂痣。"

越是得不到的东西，偏偏就越是想要。我们之所以会产生这样的心理，在心理学上有一个心理距离效应或许可以解释。心理距离效应认为，审美需要适当的心理距离。

对于我们已经拥有的事物，它带给我们的印象是固定的，而且长时间

第五章　遗憾翻篇：别后悔，别惋惜，不完美才是人生

的拥有会让我们产生心理适应现象，从而在心中模糊它们的优点。而对于未得到的事物，我们在心理上会和它们产生一些距离。它们往往只存在于我们的想象当中。想象是不受控制的，总会让我们不自觉地将这种想象理想化，进一步扩大它们的优点，从而增强对它们的渴望。

实际上，想得到却无能为力，拥有的又不珍惜，这是多数人活得疲惫而痛苦的源头。

神仙拿着两粒种子让女子挑选，说两粒种子结果后能够带来的价值各不相同。两粒种子看起来没有什么区别，女子不知道选择哪一粒，于是她问神仙："我可以两粒都要吗？"神仙摇摇头说道："你只能从中选择一粒。"

女子纠结再三，终于下定决心选择了其中一粒，带着种子回家了。后来这粒种子开花结果，为女子家中带来了不少财富。但是女子从来没有哪一日是快乐的，因为她一直在惦记着没有得到的那粒种子，总是忍不住地想："是不是另一粒种子的价值更高？能够带来的财富更多？"就这样，女子只能整日郁结于心。

不懂得珍惜就是不懂得满足，而不知满足的人，会一直沉浸在求而不得的痛苦之中，无法把握现有的幸福。

求而不得是人生常态。每个人都或多或少有求而不得的痛苦，只不过每个人所求之物不一样而已。正因如此，万事如意才成为一种美好的祝愿。

很多东西，不是强求就有结果的，得不到的东西就释怀吧。求而不得也不一定就是坏事，任何事情都有两面性，也许某件东西你未曾求得，才对你有益。越是想要紧紧抓住的东西，反而越容易从手中溜走。欲望如手握流沙，摊开手掌，顺其自然时，能够得到的反而更多。

翻篇是一种能力

不要害怕求而不得，忘不掉的就不忘，留不下的就不勉强，得不到的就不惦记，一切顺其自然即可。人生无能为力的事情太多，唯有放下是自己能作的选择，活得坦荡、随缘，别过分偏执，也别和生活较劲。

人们常说："尽人事，听天命。"为了你所求的人或事争取过、努力过，若结果仍未可得，也不必可惜。努力过了就问心无愧，这样我们的生活才会过得安心快乐。也许当你以顺其自然的心态去耐心等待之时，求而不得的事也能有不求而得的结果。

接纳是对生命最大的温柔，无论是接纳获得，还是接纳失去。如果有的人实在得不到，有些事实在做不成，学会接纳也是对自己的一种尊重和安慰。告诉自己一声"算了吧，我不要了"。

既然得不到，那就放手。人与人总是在互相羡慕中生活，也许你所求的东西，刚好是我天生就拥有的，而我所求的东西，你却唾手可得。我们都在求自己没有的，羡慕别人已经拥有的，而忽略了自己本来拥有的。

你低头看看自己已经拥有的那些东西，就会发现，原来自己也有别人的求而不得，原来最值得追求和珍惜的一切，已经在自己的身边了。

第五章 遗憾翻篇：别后悔，别惋惜，不完美才是人生

与其后悔过去的行为，不如从现在开始改变

每一个现在都是一个新的开始，与其沉湎于对过去的悔恨，不如从现在开始作出改变，让现在变成一个不会后悔的过去。

生活中，有些人会花费大量的时间去回想自己的曾经，去懊恼和反思自己做过的或没做过的行为，有时还忍不住想"如果我在那次准备得充分一些；如果我当初能够更果断一点；如果我没犯过那样的错误……"

反反复复陷入懊悔的情绪，最终只会让自己陷入精神内耗之中。毕竟"如果"只是一种假设，在这个世界上没有如果的存在，我们也没有机会对过去发生的事情作出改变。

人生在世，我们所作的每一个选择、每一个行为，都会产生一定的结果。有些结果是我们所期望的，有些结果则是我们不愿看见的，后悔在所难免。

但是单纯地后悔无济于事，因为问题的出现已经成为不可逆转的事实。我们要做的，是对过去适当反思、总结经验，汲取力量，继续前行。如果做不到，那么后悔将毫无意义。

在一座深山古寺里，有一个道行高深的禅师，很多人慕名而来。一天，

翻篇是一种能力

一个年轻人前来拜访禅师。他愁眉苦脸，心事重重地对禅师说："禅师，我过去犯了一个错误，无法释怀，常常在梦中被无尽的懊恼困扰，不知该如何是好。"

禅师带着年轻人来到一棵大树旁。他指着大树问："你看这树，是不是很茁壮？"年轻人说："是啊，它长得高大挺拔，一定有人把它照顾得很好吧？"禅师："不，没有人照顾它，它甚至曾被一场暴风雨折断了不少树枝，可是现在生长出了新的枝叶，变得更加茁壮了。"

禅师带着若有所思的年轻人往回走，并对他说："过去的事情已经发生，人与树一样，不能因为曾经的挫折而放弃生长。"年轻人似有所悟，决心像那棵树一样，放下过去，重新生长，让自己变得更强。

人生是一条不可逆的路，只有前行才能看到目标，只有付出行动才能知道答案。与其沉溺于过去，让悔恨的情绪消耗自己，不如坦然放下，轻装前行。

人生最可贵之处，不是已经流逝的过去，也不是无法预知的未来，而是正在经历的现在。只有现在，才是生活的全部；只有现在，才拥有我们能够把握的一切。

如果真的事与愿违，与其抱怨和后悔，不如从现在开始改变自己。改变，或许是一个漫长而复杂的过程，但是如果你不试着改变，那么你永远不知道自己究竟能做到多好。

哪怕这个改变只是从一件微不足道的小事做起，也要勇敢迈出第一步，行动起来永远比停留在原地更好。只要你有不惧改变的决心，无论你过去的经历如何，无论你所处的环境如何，都能开辟一条新路。

如果你曾经活在阴霾里，那就从现在开始学会乐观，把心放宽一点、活得快乐一点，将所有的不甘与绝望都尘封在回忆里；如果你过去曾因为对自己说了"不可能""做不到"而错过某些机会，那就从现在开始，别给自己设限，相信自己，去行动，去尽力抓住每一个机会；如果你过去做错了某件事情，那就现在去弥补、去改正、去吸取经验，争取下次不再犯同样的错误……

往后余生，你还有很长的路要走，生活不会因为发生一次后悔的事情就暗淡无光。当你将目光从过去的后悔中抽离，放在现在和未来时，你会发现，未来的新机会比过去错过的机会更多，过去的错误也并非全然不可弥补和毫无价值。

冷静下来问问自己，后悔的事情已经发生，有什么是可以改变的，有什么是不能改变的。能够改变的就整合并利用现有资源进行弥补；不能改变的就坦然接受，专注当下，为未来奋斗。

别期待人生会在未来的某一刻突然转变，能够改变自己人生的，是当下平凡的每一天里，你积攒的努力。

现在，终有一天也会变成回不去的过去，因此当下的每一刻都值得我们心甘情愿地付出，让现在不成为未来的遗憾。

翻篇是一种能力

接受瑕疵，它让你与众不同

我们过自己的人生，是为了体验这世间的一切，包括获得圆满的美好和来不及弥补的遗憾，而不是为了留下一个完美的故事去让众人称赞的。

一批毫无瑕疵的瓷器放在我们面前，我们很难记住它们当中的任何一个。可是，倘若其中一个瓷器不小心摔裂了一处，我们反而会给予它更多关注，也会因它的与众不同而印象深刻。

瑕疵不一定让人厌弃，不完美的事物更能引人注目。

有一个中年妇人总认为自己的生活很不幸，于是就去找一位长者寻求帮助。长者对妇人说："你要学会爱自己。"妇人问："可是我讨厌我自己，要怎么爱呢？"长者问她："你讨厌自己什么？"妇人回道："我又丑又蠢，一无是处，活着也没有什么价值。"

长者让妇人看门外站着的一个小女孩，并对她说："你现在出去和那个小女孩说'你又丑又蠢，一无是处，活着没有任何价值'。"妇人觉得这对小女孩太残忍，不忍心去做，于是摇摇头拒绝了。

长者对妇人说："你觉得残忍的事情，其实你已经做过了。"妇人不解，长者继续说道："你刚刚不正是在对自己做这件事吗？"

第五章 遗憾翻篇：别后悔，别惋惜，不完美才是人生

现实生活中，有很多人与故事中的妇人一样，常常处在厌恶自己的状态中，认为自己一无是处。而对自己的过分苛责，也让他们变得自卑和不快乐。

可是，这个世界上本来就没有完美的人，也没有人能拥有绝对完美的生活，完美只是一种理想，并不是生活真实的样子。很多时候，人的好与坏、优点与缺点就像硬币的两面，是同时存在的。

心理学家马斯洛说："人是一种不断需求的动物，除短暂的时间外，极少达到完全满足的状态。人生本来就充满缺憾，完美人生并不存在于现实生活中。人生虽不完美，却是可以令人感到满意和快乐的。"

我们的人生并不是用来演绎完美的，即便是不完美又怎么样呢？我们只是普通人，拥有一些缺点，经历一些遗憾是再正常不过的事情。当我们停止对完美的苛刻追求，学会承认和接纳自己的不完美时，才能拥有并体验更完整的生活。

经典动漫《哆啦A梦》的系列电影之《大雄与天空的理想乡》中，主角团来到了一个叫作理想乡的地方。据说，在这里生活的每一个孩子都会变成完美的人，而这正好是大雄所渴望的。

慢慢地，主角团里的其他人都改正了自己的缺点，可是大雄却感到了不对劲，总是嘲弄人的小夫变得只会鼓励自己，总是欺负人的胖虎居然也开始关心自己。从前熟悉的朋友变成了完美的人，但却让大雄感到十分陌生，他们与理想乡里的其他人完美得一模一样，完全不再像自己的朋友了。

事实上，这种完美只不过是控制理想乡的三贤人的阴谋。最后大雄唤醒了其他伙伴，打破了对方的阴谋，每个人又回到了不完美但是熟悉的样子。

生命的魅力，往往隐藏在不完美之中。我们每个人都各有缺点和不足。正是这些不完美之处让我们拥有了自己的个性和特色，成为独一无二的存在。如果没有这些不完美之处，那么我们就完美得千篇一律了。

有人说："这世界上，最忌讳的就是十全十美。你看那树上的果子，一旦成熟就马上要脱落；天上的月亮，一旦圆满就马上要亏减。凡事总要稍留欠缺，才能持恒。"

你越是在意自己不完美的地方，越会给自己带来压力。学会欣赏和接纳自己的不完美，也是一项很重要的能力。真正爱你的人，不会因为你的不完美而放弃爱你。我们所说的爱自己，并不是因为认为自己最完美才爱，而是在接纳自己的不完美后，仍然可以欣赏、悦纳自己。当我们放开对完美的执着，正视自己的不完美之处时，我们更能感受到生活的趣味。

别因为不完美而恐慌，也别过分苛责自己。人生本就是一场盛大的体验，既然我们很难做好每件事，让人生全然不留遗憾，那么尽力就好。尽力去享受、去体会、去清醒地过好当下的每一刻。

在尽力之后，允许所有的事与愿违。

第六章

情绪翻篇：你可以生气，但不要越想越气

一件小事，为什么你会越想越生气

如果你因一件小事越想越气，越想越失望，甚至崩溃，往往表明你的情绪被绑架了。情绪所带来的伤害，比事件本身的伤害大了无数倍，这是极不明智的。

前天和同事一起吃饭，自己垫付的钱，但同事好像压根儿没有要还钱的意思，他是不是故意的？点外卖前问男友要不要吃，他说不要，于是就点了自己那份。结果外卖到了却被吃掉一大半，他为什么一点儿都不考虑我的感受，是不是根本就不爱我？提前做好了旅游攻略准备明天出发，领导却突然安排了任务，所有的计划全部泡汤，越想越气……

即使你总是因为这样一些小事情而生气、烦躁，也并不说明你小气、脾气差或者"玻璃心"，而是你可能出现了秩序敏感：一旦事情的发展不符合自己的预期，或超出了所能控制的范围，哪怕是再小的事，内心也会因此变得混乱，甚至崩溃。

在美剧《生活大爆炸》中，谢尔顿就是一个秩序敏感的人。他一直痴迷于和火车相关的一切玩具，因为当他还是一个孩子时，世界对于他来说是混乱、复杂，充满不安的，而火车则代表一种秩序，因为火车能按照既定轨道前行，能给他带来内心的平静。

普通人的秩序敏感主要表现在两个方面：一是讨厌规则被破坏，比如排队的时候有人插队；乘坐公共交通工具的时候有人大声喧哗；玩游戏的时候有人不遵守游戏规则等。二是掌控感的缺失，比如约好的一起吃饭，结果被"放鸽子"了；没那么熟却不请自来的亲戚或者朋友；飞机晚点；突如其来的暴雨；毫无预兆的停水停电等。

事实上，秩序感是每个人不可或缺的，对秩序感的追求本身并没有错，但一旦过度，变成一种强迫，往往就会演变成一种自我伤害和情绪内耗。比如，当你规划好了一天的工作，结果因为一件小事没能完成，影响了心情，以致破罐子破摔，后面的事情也直接放弃不去做了，这是得不偿失的。

一只骆驼行走在沙漠中，烈日当空，它又累又渴。偏巧，一块玻璃硌了下它的脚掌。它很生气，于是愤怒地用脚把那块玻璃踢飞。结果，玻璃的尖端将它的脚掌划开了一道深深的口子，顿时血流不止。

一群秃鹰闻见了血腥味，纷纷飞过来，盘旋在骆驼上空。骆驼又气恼又害怕，慌忙地奔跑起来。结果越奔跑，脚上的血流得越多，血腥味蔓延开来，引来了附近的沙漠狼……临死前，骆驼非常懊悔地感叹道："唉，我为什么非要和一块小小的玻璃生气呢？"

如果因为一点儿小事就大动肝火，我们很可能会像这只暴躁的骆驼一样，悔不当初。有人说："你细心观察一些身边的人，凡是动不动就生气的，没有一个是智者，生活也多半过得一团糟。"因为一点儿小事就长时间处在负面情绪中走不出来的人，往往看不清事实，会作出有失偏颇的决定，最终导致失误，或者与他人产生不必要的误解和冲突，给自己带来巨大的损失。

当你越想越生气的时候，不妨先问自己这样几个问题：继续生气有用吗？气病了划算吗？气炸了谁负责？答案可想而知。当我们忍不住生气的时候，可以尝试下面的方法。

直接表达

接纳自己的情绪，然后直接表达出来，将不满的感受明确告知对方，建立能愉快相处的模式。将负面情绪通过合理的途径释放出来，有助于我们更好更快地平复心绪，与其"忍一时越想越气，退一步越想越亏"，不如当下就表达出来，然后才能更好地翻篇儿。

转移注意力

如果是不能直接表达的情况，可以尝试把注意力转移到其他方面。

小气动动嘴。可以找朋友聊聊天，或者去吃点好吃的，唱唱歌等，将负面情绪发泄出来。

大气动动身。可以通过跑步、游泳、健身、旅游等运动或换个环境的方式，将自己烦闷的情绪释放出来。

化悲愤为力量

看穿生气背后的真正原因，然后将自己强烈的负面情绪转化为强大的行动力。比如，当自己被同事轻视的时候，告诉自己"我知道了，我已经在准备行动了"，然后将注意力从会触发生气的事情转移到对自我目标的实现上，通过转化强烈的负面情绪让自己变得更优秀。

你可以生气，但是千万不要越想越气。该生气的时候生气，因为生气能帮助我们更好地调节情绪。但即使是生气也需要给自己一点时间限制，切忌让自己一直沉浸在不良情绪中自怨自艾。

你在意别人的评价，别人根本不在意你

有人说："20岁时，会顾虑旁人对自己的评价；40岁时，不再理会旁人对自己的评价；60岁时，发现别人根本就没想到过自己。"当你特别在意别人的评价时，要知道，别人根本不在意你。

一个人在路上不小心摔了一跤，惹得周围的人哈哈大笑。摔跤的人在尴尬之下，还会下意识地认为全天下的人似乎都在看自己出丑。但如果我们换位思考一下就会发现，这种事情只是路人生活中的一段小插曲，笑完之后早就抛到九霄云外了，放不下的只有当事人。

这种现象在心理学上被称作焦点效应，也叫作聚光灯效应。它是人们高估周围人对自己关注度的一种表现。

生活中，有的人经常会担心自己的妆容不够好看，举止不够得体；害怕自己在公众场合说话出洋相，或者过度在意别人对自己的看法；因为别人的一句话就会联想很多，在意很久……其实别人根本没有那么在意你。

有心理学教授曾设计了这样一个实验：上课前，他让被试者穿上奇装异服走进一间教室，并询问该被试者认为将会有多少人关注自己。被试者认为自己至少能够引起一半以上人的注意。下课后，当被问到"是否有注

意到那件奇特的衣服时"，大部分同学给出了否定的答案，仅有23%的人注意到了这一点。这说明，在别人眼中，你可能并没有那么显眼。

心理学家表示，现实中有两种情况非常容易出现焦点效应：一是在一些比较大的场合，有些人总是朝着最坏的局面去想，结果弄得自己很紧张；二是有些人倾向于活在自己的内心世界里，这就很容易放大别人的情绪，甚至不愿意看到周围真实的世界。那么，人为什么会过度在意外界的评价，受困于焦点效应呢？

自我评价偏差

我们在评价自己的行为和形象时往往存在偏差，总是习惯于从自己的角度看问题，把自己看作整个世界的中心，潜意识里认为自己很重要。事实上，对于周围人而言，我们的行为很多时候都无关紧要，因为他们和我们一样，关注更多的是自己。

透明度错觉

我们常常会错误地认为自己的很多想法和担忧，会通过我们的表情或动作被他人看穿。但事实上，除非是出现脸涨得通红、双手颤抖等明显现象，否则，别人并不能分辨出我们其实处于社交失态的焦虑当中。

渴望获得关注和认同

人的自尊通常被分为3种模式：依赖性自尊，即通过别人的评判标准来看待自己；独立性自尊，即完全遵照自己的标准和要求来看待自己；无条件自尊，即不需要任何理由和评判标准，完全尊重和接纳自己。当一个人不能真正接纳自己的时候，他便无法从自身获得支撑，因而不得不从外界寻求认同和力量。

有一个画家，为了创作出一幅最完美的作品，每画完一幅画就会邀请朋友们来欣赏，并让他们圈出其中画得不好的地方。结果每幅画都被标注了很多批改意见。画家感到很沮丧，甚至打算放弃画画。有一个朋友让他换种方式再试试，这次他画完一幅画后仍然邀请朋友们来欣赏，不同的是，他让大家将自己喜欢的地方圈出来。果然，画作上同样被圈满了……

生活的真相是，无论怎么做，你不可能让所有人都满意。太在乎别人的评价只会引起不必要的精神内耗，让自己处于负面情绪中无法自拔，因此变得胆小怕事，畏首畏尾，从而很难活出真正的自我。我们如果过分关注他人的评价，就很容易迷失在迎合他人的期待和标准中，从而忽略了自己内心的声音和最真实的需求。到那时，你的生活将不再是自主的，而是被他人随意牵制和操控的。

永远不要太在意别人的评价，你的生活是为了自己，而不是为了别人。那么，怎样才能让自己不过分在意别人的评价？

首先，了解焦点效应，明白他人并不会一直盯着你，不必为小事担心别人会对你有看法，他人其实很少关注这些问题。

其次，接纳自身的不完美。每个人都有犯错的时候，也有情绪低落的时候，允许自己犯错，接纳自己的负面情绪，不用过分自责，也不必耿耿于怀。

最后，集中精力做手头上的事情，专注于任务本身，尽全力做到最好，不要让别人的评价影响你对事情的判断和决策。

大多数人并不在意你，真正在意你的人，往往都是最爱你的人。因此，不必太在意别人的看法，只要在意真正爱你的人的看法就足够了。

怎么做，别人的批评才无法伤害你

生活中批评无处不在，我们不应该因别人的批评就陷入自卑自责的泥沼中，而应该从批评中汲取前行的力量。

"这么简单的错误你都犯""你就不能聪明点""你做了还不如不做"……生活中我们难免会遇到各种批评和指责，有时候这些批评如同利刃一样，会刺穿我们内心深处最脆弱的地方。我们会感到紧张、恐惧，甚至深受打击，一蹶不振。然而，真正强大的人，不是那些从未受过批评的人，而是那些即便身处批评之中，也能保持内心平静，且不会被伤害的人。

这样的人在面对批评时，总是显得很淡定。哪怕面对领导的雷霆怒火，也能面无惧色，沉着应对；哪怕被同事当众嘲讽，也能从容不迫，坦然面对。更令人佩服的是，他们并非把别人的批评和意见当成耳旁风，而是有一套成熟的应对机制。这种机制既能保护自己免受伤害，又能识别出批评意见中有价值的部分，帮助自己成长。

那么，如何才能做到不被别人的批评伤害呢？

识别出那些毫无价值的攻击

并非所有的批评都是公允的、有价值的，尤其当批评来自一些不怀好意的人时。这些人往往出于自身的利益，为了控制或打压你而批评你。这种时候，如果我们对这些负面的声音照单全收，只会让自己深陷内耗和伤害之中。所以，当面对批评时，我们首先要做的是判断批评的实质，识别出那些有失公允或毫无价值的攻击，然后直接无视它们。

有价值的批评往往会在批评的同时，给出合理的建议或方向；无价值的批评则更多带有个人的目的和立场。区分批评是有价值的建议还是无价值的攻击，有一个简单的方法，那就是去分辨批评者的人格特质。那些自命不凡，缺乏同理心，以挑剔和打压别人为乐，拥有自恋型人格的批评者，他们所提出的批评我们无须放在心上。

不要被负面情绪牵着鼻子走

不可否认的是，面对批评，谁都会感到不舒服，哪怕是再有价值的批评听起来也常常是严厉且无情的。正所谓忠言逆耳，有些负面评价往往跟事情真相有关，因而显得有些残忍。但这其实是一种考验：你是否有勇气直面自身真实存在的问题，并且接受自己并不完美的事实？只有保持冷静，客观看待让我们不舒服的问题，才能通过这项考验，不被负面情绪牵着走。

心理学上有一个叫作转移的防御机制，即转移人的注意力，可以有效地缓解负面情绪的干扰。当我们受到批评时，首先要允许自己出现或悲伤或沮丧或愤怒等负面情绪，然后尽快将自己的注意力从这些批评中转移。我们可以通过倾诉、购物或运动等方式让自己放松一下，而不是让自己一直沉浸在受到伤害的情绪中走不出来。

翻篇是一种能力

将批评的事和自己这个人合理分开

合理的批评往往是对事不对人的，我们没必要把负面评价看得太重，甚至当成针对个人的批判。我们可以尝试着把针对事实层面的评价和针对个人的评价区分开来，就事论事，将关注的重点放在负面评价中属于建议的部分，而不是对方的语气、音调上。

修正以后尽快翻篇

吸收批评中的有益成分，针对自己的不足作出有效修正即可，千万不要一直揪着自己的问题不放。最好的做法是，给自己一段时间，接受每个人都有缺点和不足的事实，更理智地看待自己，在有需要的时候尽可能规避这些难以改变的行为习惯。

没人能完全不受外界负面声音的影响，但我们可以通过努力调整心态，掌握一定的方法技巧，心平气和地面对批评，将有价值的批评为己所用，让自己成为一个内心稳定且强大的人。

别让忌妒的毒药，浸染你的心灵

德国民间有一句谚语："好忌妒的人会因为邻居身体发福而越发憔悴。"忌妒，是人心灵上的一颗毒瘤，它就像一味毒药，在毒害别人的同时也毒害自己。

你是否也曾因为同事的升职而心生愤懑，因为朋友的发达而暗自不快？如果有，你并不孤单。忌妒之心人皆有之，比如，忌妒那个天天玩成绩却比你好的同学；忌妒那个没你努力却过得比你好的朋友；忌妒那个学历没你高，职位和薪资却比你高的同事……

忌妒是在与他人比较时，发现自己在才能、名誉、地位或境遇等方面不如别人而产生的一种由羞愧、愤怒、怨恨等组成的复杂的情绪，而放纵这种情绪会使人变得丑陋。有人说："人性最大的恶，就是见不得别人好。"很多人因忌妒去迫害别人，并不是因为彼此之间有多大仇怨，单纯是因为患了"红眼病"。

在《西西里的美丽传说》中，女主角玛莲娜因相貌出众，气质非凡，遭到全镇男人的垂涎，以及全镇女人的白眼。所有人都在诬蔑她是个"妖艳贱货"。在玛莲娜彻底失去靠山以后，所有人都对她的不幸袖手旁观，甚至落井下石。

忌妒的起点是人们对自身脆弱的一种隐忧，当看见别人比自己好时，只想着去毁掉别人，以维持自身的优越感。然而，忌妒的结果却是损人不利己——一个人因忌妒去伤害他人，看似把刀捅向了别人，其实也对准了自己。

当你忌妒别人的时候，你的内心其实是饱受煎熬的。愤怒、焦虑、悲伤、难受等各种负面情绪，都会在不经意间爆发出来，严重影响你的身心健康和人际关系。当你忌妒时，你会一直暗示自己，要把对方拉下水，要看对方出洋相。一旦对方出现一丁点儿过错，你会第一时间宣扬出来，并大有幸灾乐祸之感。

比如，年底有同事被评为优秀员工，你会生气地想，这位同事工作不积极，业绩也不突出，凭什么就能得到老板的赏识？他一定是拍马屁的功夫了得，会跟领导搞关系。此后，你再看这位同事的时候，便始终戴着有色眼镜，甚至还把周围的同事都拉过来，一起孤立他。

忌妒其实也是一种缺乏自信的表现。人的自信是一种自爱的心理情绪，真正自爱的人绝不会因为别人超过自己就懊恼不已，也不会因为别人优秀就干出损人不利己的事情来。

我们需要正视忌妒的存在，忌妒是一种常见的情绪反应，但并不意味着它是合理的或者有益的，我们要学会正确处理它。

尝试着接受和理解

接受自己的情绪，并尝试理解自己为什么会产生忌妒感，是克服忌妒的第一步。忌妒很多时候是由误解引起的，将别人所取得的成就，误解为对自己的否定。但事实上，别人的成功是人家努力的结果，跟我们毫无关系，也不意味着我们的失败。

将注意力放在自己身上

我们越将目光放在别人身上，就越容易感到焦虑不安。我们无法控制别人的行为，也无法监控别人的想法，种种猜测只会让自己的心情陷入糟糕的境地。学会将注意力拉回到自己身上，用心感受自己的想法和需求，去做让自己开心的事情，可以在很大程度上缓解忌妒和焦虑的情绪。

将重心放到提升自我上

我们之所以会有忌妒心理，是因为我们在某一方面不如别人。与其无能狂怒，不如正视自身的不足，想办法提升和改善自己。到那时我们就会发现，那些自己想要却没有的特质和优势，往往是可以通过不断学习和锻炼获得的。将强烈的情绪转化为前进的动力，不仅可以免受忌妒带来的痛苦，还可以帮助我们建立自信。

在难免产生忌妒的地方，必须用它去刺激自己的努力，而不是去阻挠别人的努力。将忌妒转化为向上的动力，或许忌妒别人的人，也能成为被别人忌妒的人。

敢于表达愤怒，然后再翻篇

如果你学不会合理表达愤怒，你就捍卫不了自己的边界。当你不能捍卫自己的边界时，他人就可以毫无成本地冒犯你。

生活中，很多人都不敢轻易表达愤怒。和领导或同事相处不愉快，不敢表达出来，怕得罪人，于是选择压抑自己；对伴侣有怨言，不敢说出真实的想法，怕影响彼此之间的关系，于是选择隐忍；对朋友心生不满，但又害怕面对冲突，于是宁愿委屈自己，承受损失，也不敢发火……

很多人不敢轻易表达愤怒，主要是因为担心发怒之后会受到惩罚。表达愤怒往往被认为带有一定的攻击性，当他们朝对方发火时，会在脑中假设对方一定会予以更大强度的还击，为了避免冲突和不好的后果自然能忍则忍。

但真实情况并非如此，就像心理学家说的那样："如果你不会生气，你周围的人就看不透你，他们不知道你的感觉，也不知道你忍耐的限度。"正是你的愤怒让对方知道了你的边界在哪里，这样不仅不会招来反击或报复，反而会赢得理解和尊重。

有些人不敢表达愤怒，还可能是因为担心会伤害对方。他们会把对方想象得特别脆弱，好像自己的这一点点愤怒就会将对方彻底击垮一样。明明自己扔出去的只是一个饮料罐，却把它想象成手榴弹，这样自然不敢表达愤怒。

然而事实证明这也是多虑了。很多时候，你的这种愤怒甚至不会让对方太过难受，更别提崩溃了。你表现出情绪上的坦诚和直接，反而可能会让你们的关系变得更亲近。

愤怒是一个人的正常情绪表现。敢于表达愤怒的人，其实也是敢于爱自己的人。因为将愤怒的情绪表达出来，虽然会带来一定的负面影响，但是也意味着此人在意自己的需求能否得到满足，认为自己值得被关注和爱护。

在电视剧《我是于欢水》中，典型的中年员工于欢水，总是被上司欺负，被同事嘲笑，被朋友当冤大头，被家人看不起。当他以为自己得了绝症以后，决定不再委屈自己。于是他开始和上司据理力争，和同事动手，向朋友讨债……结果所有人对他的态度不但没有变差，反而变好了——上司不再给他穿小鞋，同事对他客客气气，朋友借的钱也还了，就连小区的邻居都安生了！

敢于表达愤怒，并不等于脾气不好，而是在明确自己的原则和底线，表达希望得到尊重的态度和立场。做一个情绪稳定的成年人，不是压抑情绪，而是能感受、接纳、安放情绪，做情绪的主人。适时表达愤怒，不仅能帮助我们赢得尊重，还能维护我们的权益。

齐白石画画出名后，一时间门庭若市，登门求画的人络绎不绝。

齐白石有个朋友叫李徽之，知道齐白石的画能卖钱，便也过来索要。齐白石顾念以往的交情，便送给他一幅画。谁知没过多久，这位朋友得寸进尺，又来求画，而且还强调必须画一条鱼。

翻篇是一种能力

齐白石非常不高兴，于是便在画作旁题了一首打油诗送给他：

去年相见却求画，今日相求又画鱼。致意故人李居士，题诗便是绝交书。

看到这首诗后，李徽之再也不好意思向齐白石求画了。

手艺人以卖画为生，想论交情白拿画，免谈。古语有云："来而不往非礼也。"人与人之间的关系是相互的，你投之以桃，我便报之以李；你得寸进尺，我也会愤怒相向。人的一生中会遇到很多人，我们不可能把所有人都请到自己的生命里来，所以给社交圈做减法，是个必不可少的过程。如果一个人真心对你好，哪怕是偶尔表达愤怒，也不会就此葬送友谊。适当磨合，只会让彼此的感情升温。

有人说："愤怒是和烂人决裂，翻篇是和烂事决裂。过去属于死神，未来才属于我们自己。"人生的路很长，没必要跟自己过不去，该表达愤怒时就表达愤怒，该翻篇时就翻篇，合理表达愤怒和不满，告别一切消耗你的人和事。

学会给自己找点心理平衡

学会接纳那些无法改变的事情,是保持良好心态的重要前提。人们往往执着于追求完美,试图消除一切不如意,结果却陷入了无尽的焦虑。

总有人认为,这个世界上很多事情都是针对自己的,觉得不公平、不如意,觉得自己是最倒霉的那一个。我们总把"凭什么"挂在嘴边,好像明明自己很努力了,但最后还是不如那些不努力却依然幸运的人。这些心理不平衡会让我们的负面情绪爆发,引起我们的精神内耗。

但真的有那么多不公平吗?人与人之间在客观上总是存在很多差异,就算两个人的水平差不多,但人会在发展过程中,逐渐弥补差距,甚至反超他人。当我们自己心理不平衡时,大概率只是看到了别人的进步,而忽略了自己的成长。我们不如多看看自己,给自己也找点心理平衡。

莉莉在一家外贸公司做了6年行政文员,每天朝9晚5,月薪5000,悠闲自在,有大把的时间能做自己喜欢的事情。

但在年底的同学聚会上,莉莉开始有点心理不平衡了。好几个大学同学都成了公司的管理者,月薪好几万。莉莉想着明明大家的水平都差不多,为什么他们就能有这么好的发展,短短几年就和自己拉开了这么大的距离。

晚上回到家，莉莉躺在床上回想自己这些年的生活，突然又觉得也挺好。他们月薪几万，却几乎天天加班；自己虽然工资不高，却有很多时间做自己喜欢的事，有更多时间陪伴家人。正所谓，人生有得有失吧。

人与人之间努力程度的差异通常很难被留意到，但是会很明显地看见外在的差异。而且，往往两个人的相熟程度越高，这种差异造成的不平衡感越强烈。比如那些认识的人比我们过得好，无论我们口头上是否祝福，心理上或多或少会感到不平衡。

除此之外，由于感情付出程度的差异，也会造成心理失衡。对于那些关系好的朋友、恋人和家人，我们总是希望彼此之间的付出是对等的。当我们觉得自己的付出得不到回报时，就会觉得委屈，从而出现心理失衡。

盈盈毕业后选择回自己家的服装厂帮忙，但是家里的服装厂遇到了很多困难。她有时会感到心理不平衡，还会对朋友抱怨："你们毕业后都发展得很好，我还得顾着家里的厂子。"

爸爸对她说："做生意难免有困难，重要的是想办法去克服。"慢慢地，盈盈开始积极去改变，她敏锐地抓住了汉服流行这个机会。她利用自己学过的服装知识，设计推出了一系列改良汉服，销量和反响都很不错。

如今，盈盈忙着做自己的改良汉服设计，找机会跟同行交流，别人有别人的精彩，她也有自己的故事。

我们有心理不平衡的情绪是很正常的，每个人都会有属于自己的发展进程，对方可能只是比我们稍微快了一点而已。就像有的人23岁毕业了，但过了五六年才找到适合自己的工作；有的人虽然29岁才毕业，但一毕业就找到了高薪工作；有的人年少有为，但归于平庸；有的人默默无闻，但大器晚成。

对比其他人，我们实际上没有落后，我们只是在按照自己的节奏做事。生活没有固定模式，也没有评分标准，很难说对方现在的生活就比我们的好，所以我们不必为此感到心理不平衡。

对自己要求低一点

要求太高，只会自寻烦恼。我们把对自己的期望降低一点，多发掘自己的优点。把对自己的目标和要求定在能力范围之内，懂得欣赏自己的各个方面，看到自己的成就，自然就不会与他人进行对比。

找到自己真正需要的是什么

对方拥有的，未必是我们想要的。比如，别人因为整容而获得了更多的目光和掌声，难道我们也要因为不平衡而去整容吗？我们要主动去寻找自己真正需要的东西，降低不必要的不平衡感。

想一想自己失去的，再想想自己得到的

想想自己得到的东西，包括荣誉、物质等，告诉自己，我们在某一方面或许是失败的，但在另一方面却是成功的。用代偿的方法，弥补心理上的不平衡感。比如，我们虽然没有游刃有余的社交能力，但是我们拥有超出别人的专注能力，一样能在工作中出彩。

避免过度共情他人，多关爱自己

每个人都有自己的成长轨迹和选择，我们给予关心和支持就够了。不必替他人做决定，也不必背负和过度共情他人的因果。

共情，也可以叫作换位思考，这是一种站在对方立场设身处地去思考的能力。适当地共情，可以促进我们和他人之间的感情，建立彼此之间良好关系的纽带。

但一个人长时间处在共情压力下，沉浸在别人的感受中，被消极、负面的情绪所绑架，身心疲惫，直至不堪重负，就是过度共情了。

"我失业了，小松。"

"怎么会这样？"小松接到了好朋友小冲的电话，非常诧异，明明上星期小冲还说过下个月可能升职。

"公司大裁员，很不幸我是其中一员。我家孩子才上小学，以后上学、上补习班的费用会越来越多，还有双方父母要养，我不能把养家糊口的重担压在妻子一个人身上……"

小冲在电话中的抱怨颓靡让小松深感无力和揪心。想到小冲人到中年，面临失业危机，此刻还在不停地刷着招聘软件，海投简历，就像去年的自己一样，小松逐渐陷入了一种感同身受的焦虑之中。

当共情无法自控或者超出一定的承受范围时，就会对共情者和被共情者造成危害。过度共情者会不停地吸收别人的情绪，不自觉地承担起本该属于他人的责任，这样做无形中会给自己增添巨大负担。过度共情往往意味着消化情绪、调整心态所需要的时间和精力更多。当被情绪完全淹没时，过度共情者的焦虑、抑郁等心理症状就会凸显。

同时，过度共情往往起不到维系人际关系的作用。因为大多数过度共情者在面对情绪的高刺激时，并不能很好地处理这些刺激，有可能选择封闭自我，对人际交往保持消极状态，停止与他人共享情绪，以冷漠来应对他人的情绪反应，陷入负面循环当中。

共情的目的是理解和支持他人，但并不意味着要完全融入对方的情绪中。如果对方处于愤怒等强烈情绪状态中，我们应当尽量避免与其产生情绪共鸣，以免自己也被情绪所左右。相反，我们要保持冷静和理性，热心帮助对方面对情绪和问题。

远离负能量的人，拒绝当别人的情绪垃圾桶。内耗减少了，就可以更多地关注自己的真实需求，多多关爱自己。有人说："爱自己是终身浪漫的开始。"培养适当的共情能力，建立良好的人际关系，是爱自己的开始。那么如何缓解过度共情现象，培养适当的共情能力呢？下面这几点建议或许能帮助我们。

维护自身情绪边界

我们如果在仔细审视自己的情绪和感受之后，觉得自己的过度共情已经影响正常生活，那就要及时勇敢地说"不"。这需要明确自己的情绪边界，清楚什么样的事和倾诉会让自己感到不适。

提供积极的解决方案

在我们共情的同时,如果对方需要一些帮助,我们可以尝试提供积极的解决方案。但是要确保我们的建议是基于理性和客观的判断,建立在现实基础之上,而非过度情绪化的反应。

尽量避免过度投入

在和他人相处时不怕付出,能够帮助别人也是一件很快乐的事情,但是不能过度投入自己,要把握好双方关系的平衡度,遵从内心的舒适度。

我们要学会正视自己的感受和需求,避免因为过度共情而产生危害,多关爱自己,随心而行,轻松生活。

宽恕别人，就是善待自己

宽恕别人，并不是因为对方值得我们宽恕，而是因为我们要让自己过得更加轻松、快乐。宽恕别人，就是在放下心中的怨恨和仇恨，给自己的心灵一片平静。

我们常常容易原谅自己，因为原谅自己会让我们获得暂时的舒适和安宁。但是我们却不容易原谅别人，尤其是伤害了我们的人，仿佛原谅他们会令我们不安、烦躁。然而不原谅又如何呢？只会用烦恼丝把自己捆缚起来。

有人说："宽恕与快乐紧紧相连，宽恕是所有美德之中的王后，也是最难拥有的。"善于原谅别人的人，都是懂得给自己的心灵松绑的人。

宽容了别人就等于宽容了自己，宽容的同时，也创造了生命的美丽。这就是我们说"没有宽恕就没有未来"的原因。宽恕不是懦弱，选择宽恕曾经伤害我们的人，其实就是给了自己一个更美好的未来。

蔺相如因"完璧归赵"有功，赵王加封其为上卿，在朝廷的位置要高于廉颇。廉颇对此非常不平衡，对同僚说，一定要找个机会当面羞辱蔺相如一番。蔺相如得知此事后选择了包容和忍让，尽量不和廉颇碰面，避免和他发生正面冲突。蔺相如的门人对此非常不解，以为他害怕廉颇。蔺相如说："秦国之所以不敢动我们的国家，那是因为忌惮我和廉将军。我的宽恕和容忍是为了赵国的前途，而我个人的颜面不值一提。"后来蔺相如的这段话传到了廉颇的耳朵里，他愧疚万分，于是就有了廉颇"负荆请罪"的一段佳话。

学会宽恕别人，就是学会善待自己。仇恨只能让我们的心灵生活在黑暗之中；而宽恕，却能让我们的心灵获得自由，赢得更多朋友。

当然，要宽恕一个侮辱过自己、伤害过自己的人，谈何容易？仇恨的习惯是难以破除的。和其他许多坏习惯一样，我们通常要把它粉碎很多次，才能把它完全消灭。伤害愈深，心理调整所需要的时间就愈长。慢慢地，总会把它消灭。

有人说："世界上最宽阔的是海洋，比海洋更宽阔的是天空，比天空更宽阔的是人的胸怀。"要懂得宽恕众生，不论他有多坏，甚至伤害过你，你一定要放下，才能得到真正的快乐。况且人难得在滚滚红尘中走一遭，又何必自寻那么多烦恼呢？

第七章

失败翻篇：要有归零再出发的勇气

成功不一定是好事，失败也不一定是坏事

《道德经》写道："祸兮福所倚，福兮祸所伏。"不幸的背后有时也会隐藏着一分收获，而好事的背后也可能有一个大坑在等着我们。

塞翁失马，焉知非福？塞翁得马，焉知非祸？万事万物都是发展变化的，现在看好的不代表以后就好，现在不看好的不代表以后就不好。

苏轼这一生在世俗的道路上历经坎坷，但是在自己的人生趣味与收获上，他无疑是成功的。苏轼虽然数次被贬到比较偏远的地方，在仕途上饱受挫折，但他依然没忘记好好生活。他用自己的能力帮助当地百姓渡过难关，也凭借才华天赋留下众多诗词文章，研究出一些美味可口的菜肴，成为流芳千古的文学家和美食家。

祸与福是相对的，又是统一的，而且是可以相互转化的。

祸能生福的原因，是当我们处在危险或灾难之中时，往往会很认真地想求平安，并且能够深入地体会求得平安的道理，学会心存敬畏，谨言慎行。在危险过后，我们终会迎来一片光明。

而福能生祸的原因，就是当我们在居安的时候，不能够思危，而且还放纵自己奢侈享乐，言谈举止骄傲懈怠，尤其多有处事轻率、态度傲

第七章 失败翻篇：要有归零再出发的勇气

慢，甚至欺侮别人的情形发生。如果一直这样下去，迟早会犯下大错。

一艘商船经历了海上飓风而四分五裂，船上的一个水手趴在木板上，幸运地漂到了一座荒无人烟的小岛上。在这座孤岛上，他靠着仅存的燧石和简单的工具生火烤鱼、净化海水求生。他每天在海边瞭望，盼望着有船经过能把他带回去。

水手给自己搭建了一个简易的小屋，他搜集的生存物资都放在这个木质的小屋里。水手抓到了一只兔子，他在把兔子放在火上烤制之后就去海边打捞箱子，希望找到更多有用的东西。但是风向突然改变，火星落在木屋上，把水手的避难所烧得一干二净。

水手跑回去救火时已经晚了。但就在水手绝望的时候，一艘船驶向水手所在的小岛。原来这艘船被岛上的浓烟吸引，打算过来交换一些蔬菜。水手没想到，自己因此得救了。

"富贵于我如浮云"，名利钱财乃身外之物，并不是腰缠万贯、香车宝马才是幸福。我们只要没有疾病，身体健康，平平安安，就拥有了最大的福气。学会知足，切莫贪求。一味贪求享乐，势必利欲熏心；欲望膨胀，其结果必然得不偿失。

祸害都从恩宠中来，所以得意时必须尽早回头；失败是成功之母，因此失意时千万不可放弃。耳朵常听进不顺耳的话，心里常反思不如意的事，这些才是增进品德、修炼品行的磨刀石。反之，若每句话都顺耳，每件事都称心，那就等于把自己的一生埋在剧毒之中。

当前的福与未来的祸，以及当前的祸与未来的福之间是隔着一段时间的。所以，我们看待问题，要拥有长远的目光和打算。许多时候，我们现在吃点亏，以后的福报可能会令我们意想不到。不要拘泥于当前之一时得失，否则很有可能因小失大。

其实，生活中难免有些事情是我们无法左右的，并会因此带来缺憾。就如日出日落、月圆月缺、花开花落，这都是自然规律，是不能控制的。

人生是动态的，社会也在不停地运转，花不会永远绽放，人的容颜不会永远年轻。我们不会一直失去，也不可能一直得到，这都是规律。

祸福会在不知不觉中增减变化，变化的过程并不明显，但等我们发现的时候已经很难改变。正如古语所说："行善如春园之草，不见其长，日有所增；行恶如磨刀之石，不见其消，日有所损。"虽然福祸的增减会缓慢地发生，但福祸彻底转化有时只在一瞬间，要想把握住机会掌控局面，以下几点建议可供参考。

不要让情绪主导自己

无论在任何状态下，不要因为情绪主导而作出让自己后悔的决定。因为情绪就像一阵风，它会随时吹过来，吹过之后也会瞬间消失，但是风吹过的地方却会留下痕迹，甚至会因为风吹得过猛造成不可挽回的损失。

仔细观察事物的细微变化

任何大的事物形成之前一定会显露出苗头，只要我们细致耐心地观察，就能根据这些细小的变化看到趋势，对自己接下来的行动作出调整。

机会总是留给有准备的人。是福还是祸，需要我们用清醒的头脑去判断和甄别。得之我幸，不得我命。福祸本是无常，即使抓不住机会也没关系。我们要认清现状，调整好心态。

面对祸福最好的状态，就是不以物喜，不以己悲，保持内心的从容与淡定，心平气和地看待在我们身上所发生的事。兵来将挡，水来土掩。糟糕的事情不懊丧，快乐的事情不陶醉。以一种平和而又舒缓的心情看待人生的潮起潮落，这才是生活里妙不可言的盛宴。

创业，是以100%的乐观应对99%的失败

有人说："悲观的人，先被自己打败，然后才被生活打败；乐观的人，先战胜自己，然后才战胜生活。"面对失败，与其悲观地拒绝，不如乐观地接受。

面对失败，我们可能会感到沮丧、失望，甚至一蹶不振。比如，拿破仑在滑铁卢战役失败后陷入绝望，不得不宣布退位，开始了被流放的生活。

但是也有人能够以积极的心态坦然接受失败，接受自己陷入低谷，然后一步一步坚定地从低谷爬上来。

数学家华罗庚自幼家贫，初中就被迫辍学。为了生计，他必须在家中开设的杂货铺里帮忙。华罗庚白天辛勤劳作，夜晚则沉浸在他喜爱的数学世界中，常常挑灯夜战至凌晨。

华罗庚在短短5年内自学完成了高中及大学低年级的所有数学课程。然而，命运似乎并不眷顾他。19岁那年，一场伤寒让他险些丧命，在新婚妻子的悉心照料下，他才捡回一条命。但这场病却让他左腿终身残疾。

面对如此沉重的打击，华罗庚并未向命运低头。他说："我才19岁，

还有大好的人生和年华，就这样自怨自艾下去，这样的人生还有什么意义？"

虽然身有残疾，但华罗庚身残志坚。他说："聪明在于勤奋，天才在于积累。"华罗庚夜以继日地努力学习，就这样，1948年，他当选了中央研究院院士，1955年又当选了中国科学院院士，成了中国最伟大的数学家之一。

革命家瞿秋白说："如果人是乐观的，一切都有抵抗，一切都能抵抗，一切都能增强抵抗力。"走出逆境往往不是一蹴而就的，需要用时间和我们的努力去克服各种困难。面对困难别着急，保持耐心，别轻易放弃。通过坚持不懈的努力，我们终能战胜困难，取得成功。

面对失败，我们不要总是对自己说类似"我是失败者，我完了"的丧气话，不妨换个角度看问题：不入虎穴，焉得虎子，人生本就是一个尝试的过程，我们不可能永远一帆风顺，没有必要过分夸大失败经历对自己的影响。

如果我们保持乐观，那么所遇到的困难都是一个个突破自我的挑战。迎接挑战并克服困难，那么它们就会成为我们前进的阶梯，而不是阻拦我们的高山。就像流水如果因面前的断崖而痛苦，那我们就无法看见飞流直下的壮观景象；飘忽的云如果因为自己的消逝而踟蹰，我们就永远不会有雨水浇灌。

阳光总在风雨后，此时的不利局面只是生活对自己的考验。保持乐观积极的心态是我们走出逆境的第一步，也是最重要的一步。

乐观是一种积极向上的生活态度，可以帮助我们在面对困难和挫折时保持坚韧和冷静。要想保持乐观积极的心态，我们可以试试下面的办法。

主动寻找乐趣

我们可以通过寻找乐趣，让自己更加乐观。无论是读一本好书、听一曲音乐、欣赏一部电影，还是追逐我们的兴趣和爱好，这些都能够带给我们快乐和满足，并激发我们内心深处的乐观情绪。

多晒晒太阳

阳光能刺激皮肤产生维生素D，有利于钙质吸收和骨骼健康。同时，阳光还能激活大脑中的血清素和多巴胺，这些都是调节情绪和增强快乐感的神经递质。晒太阳还能调节生物钟，帮助你改善睡眠质量。睡眠是恢复体力和精神的重要途径。睡眠充足且稳定，你就会有更多的精力积极面对生活。

敢于幻想

我们想要保持乐观，就要对未来充满信心，敢于幻想自己的美好人生。同时，想要这些幻想变成现实，不可以只幻想事情的结果，而要更多地幻想自己为之努力的过程。因为这些过程是实现幻想必经的途径。

马丁·路德·金在《我有一个梦想》中，不但告诉人们，自己有这样一个美好的梦想，还具体地描绘了这个梦想的细节，并且完整地阐述了如何实现这一梦想。

一个积极向上的愿景，可以让我们摆脱绝望的循环。低谷不放弃，高峰不自得，才能拥有平和与冷静的心态。

所有逆境都是让灵魂成长的机会。面对逆境不怯弱，而是尝试和破局，才能扎下根来。面对失败不逃避，而是反思和改进，才能向上生长。

"竹杖芒鞋轻胜马，谁怕？一蓑烟雨任平生。"纵然我们跌跌撞撞，但生活还在继续。每一个清晨的阳光洒下，都是新一天的开始。

不被失败打倒，好情绪可以帮你重整旗鼓

有人说："能控制好自己的情绪，比拿下一座城池更伟大，驾驭好自己的情绪，你就成功了一半。"开开心心过好每一天，好运自然来敲门。

情绪有时就是魔鬼，发怒会让自己身心受损，也会破坏人与人之间的关系。与人相处时，情绪真的很重要，如果让坏情绪牵着我们的鼻子走，就会潜移默化地影响我们的人生。

我们刚入职场，可能会打错几个字，漏发邮件，错过截稿日期等。每次犯错都觉得这是天大的事，要被狠狠地骂了。可只要我们吸取教训，引以为戒，下次就不会再犯错误。不久后，我们就会发现当时的错误和情绪都不是事，也没人会记得。但如果深陷自责的坏情绪中，不调整自己的状态，我们永远都不会成长。

当我们面对困难时，糟糕的情绪会像一团黑暗的云，笼罩在我们的心头。失败并没有什么，一个人真正的失败就是在失败后自怨自艾、怨天尤人，不懂得寻找出路，整日沉浸在悔恨中。不如往前走一步，也许只要走一步，就能找到阳光，驱散乌云，从头再来。不管发生什么都微笑面对，我们的成功就隐藏在那个笑容背后。

第七章 失败翻篇：要有归零再出发的勇气

心理学中有一个标准叫挫折承受力，用来衡量我们在面对挫折和打击时能否及时摆脱压力，排解自己的苦闷，调节自己的心情。一般而言，挫折承受力比较强的人，在遇到挫折时，心理和精神上的反应会比较小，受到挫折影响的时间也比较短，且因挫折产生的消极影响也小。

控制好自己的情绪，可以提高我们的自信心和动力，减小挫折带来的影响。好的情绪，就是治愈一切的良药。低谷时，用积极的态度度己；困境中，用豁达的态度悦人。当我们在心中播下一颗积极情绪的种子，便会收获欣欣向荣的生活。

一个人脾气来了，福气就走了。如果你是对的，就没必要生气；如果你是错的，你就没有资格生气。用嘴伤人是最愚蠢的行为，学会控制情绪则是一个人成熟的标志。控制好自己的情绪，你的人生就赢了一大半。

我们可以采用下面的方法来调动情绪，让自己度过坎坷和挫折。

1.清晨起来，对着镜子给自己一个微笑，对自己说一句"我能行"，这是一种非常有效的调整情绪的方法。

2.任何负面情绪发生之时，请把问题的矛头从对方身上拉回到自己身上，这叫反求诸己。当我们生气、发怒时，先静下心来，找寻愤怒表达背后的意义，而不是让愤怒将自己烧成灰烬。面对自己的愤怒很痛苦，但看清原因后你很容易找到新的思路，而不是一条道走到黑。

3.建立一个支持性的情绪系统，譬如家人和朋友都可以加入我们的情绪系统当中。当情绪出现问题时，我们可以通过这个情绪系统宣泄情绪，倾诉苦闷。

有人说："没有过不去的事情，只有过不去的情绪。只要把情绪变一变，世界就完全不一样了。"你所承受的一切苦难，最后都会以某种方式变成回报。人生没有白走的路，每一步都算数。

学习击退挫败感，重获自信

挫败感总在夜深人静的时候，悄悄地袭击我们。一条不敢发出去的短信，一天的庸庸碌碌，年近三十一事无成的焦虑等转化为挫败感，让我们辗转反侧，彻夜难眠。

"明明花时间认真复习了，还是没有取得理想的成绩。"
"熬了两个大夜剪出来的视频，平台的播放量还没有破千。"
"脑子中有很多奇思妙想，可是写出来的文章却让人读了昏昏欲睡。"
当我们沾沾自喜于自己的成功时，转身却发现自己那点小成就实在微不足道。当我们觉得自己还算有点天赋时，却发现跟别人比，自己这点天赋简直拿不出手。

这种"无论怎样努力，都追不上别人"的挫败感，会让我们陷入自卑、害怕、焦虑和恐慌的情绪。我们一面觉得自己实在太笨了，为什么就不能做得更好一点呢？一面又害怕自己无论怎么努力，都达不到别人的高度。

如果我们在反复尝试某一件事情的过程中总是失败，就会渐渐地失去客观和想要努力的心态，从而产生一种错误的想法——我不可能成功，导

第七章 失败翻篇：要有归零再出发的勇气

致我们本可以掌握和改变的现状变得更糟糕。这就是典型的习得性无助。

心理学家认为，这种心理状态相当危险。因为习得性无助在一定程度上会让我们的生活失控，变得异常混乱。时间一长，我们就会错误地认为，自己不需要再努力了，因为无论自己多么努力，最后的结果都是不满意的、痛苦的。

但是，在我们感到难过、痛苦的时候，千万不要放任自己沉沦下去，也不要过度沉湎于无助中。其实，挫败感是可以被我们用一点一滴的成就感打败的。当我们终于获得自己的肯定时，就再也不会看自己不顺眼了。这时我们将不再需要向外界证明自己的价值，因为我们已经知道自己能做到什么程度。

因自幼病魔缠身，巴拉尼成为残疾儿童。巴拉尼心如死灰，如果不能行走，他什么也干不了。他变得暴躁易怒，非常敏感，甚至连太阳都懒得去晒。

但母亲立于他的床前，紧握着他的手，对他说："孩子，妈妈相信你是个有志气的人，希望你能用自己的双腿，在人生的道路上勇敢地走下去！好巴拉尼，你能够答应妈妈吗？"

母亲之言犹如重锤敲击巴拉尼的心灵，他泪如雨下，扑入母亲怀中。

自那以后，母亲但凡有空，便陪伴巴拉尼练习行走，进行康复训练，每次都会汗水湿透衣衫。即便身患重感冒，母亲也坚持下床帮助巴拉尼完成锻炼。她咬紧牙关，帮助巴拉尼跨越了残疾的障碍。

巴拉尼因为母亲的陪伴充满了信心，不再对自己感到失望。最后，他以优异的成绩考上了维也纳大学医学院。毕业后，他全身心投入了耳科的研究，最终获得了诺贝尔生理学或医学奖。

那些成功人士的自信，都是在一次次行动和点滴成功中积累出来的。

他们都经历过大大小小的失败，但他们很快从挫败感中走了出来。他们的自信，并非无知者无畏的狂妄，而是以行动为保证，在经过理智思考后，坚持进步得来的从容淡定。

当面对挫败感的时候，我们必须承认自己是一个普通人，承认这个世界上比我们优秀的人太多。我们可以羡慕他们，但不要模仿他们。我们也不必因为他们的光彩而自怨自艾，因为即便再平庸的人，也有自己的闪光之处。

心中有光，何惧黑暗？下面的方法，可以帮你轻松摆脱挫败感，重拾自信。

1.寻求反馈。虚心向他人请教，获取宝贵的反馈和建议，并结合自己的情况认真改进。

2.记录进步。用日记或进度表记录你的进步，每隔一周或者一个月回顾进度，就会产生进步的成就感。

3.庆祝小胜利。每当达成一个小目标时，不妨给自己一点奖励，比如为自己点一杯奶茶或去看场电影。

4.自我激励。找到能激励自己的方法，如阅读励志故事、看一些振奋人心的电影，让自己振作起来。

5.永不放弃。最重要的是，无论失败多少次，都不要放弃追求你的梦想。

失败是成功之母。每一次失败都是通往成功路上的垫脚石。宝剑锋从磨砺出，梅花香自苦寒来。只要不放弃，继续努力，我们总有一天会站在成功的巅峰。

第七章 失败翻篇：要有归零再出发的勇气

用复盘法，把失败变为成长的契机

人生难免遭遇失败，重要的是当我们面对失败时，能否及时承认并且想办法扭转它。

失败会让人陷入自我怀疑的旋涡，很长一段时间都吃不好饭、睡不好觉，无心干其他事情。我们会觉得自己经历的一切都是负面的，进而导致自己的情绪走向崩溃。

其实，失败只是我们人生经历中的一个节点，一味地纠结失败并没有意义，失败后我们的获得才有意义。我们从失败的过程中汲取的经验、收获，有助于我们在下次面临挑战的时候获得成功。这样，每一次的失败就不再是消耗我们能量的事情，反而成为我们人生中的正能量。

如果我们足够强大，那么墙即是门；如果我们望而却步，那么即便是门也会紧闭。我们的强大源于我们面对问题和困难时拥有积极的心态，更源于我们从失败中找到的新方法。

一万次对失败的懊悔和重复，也不如一次简单有效的复盘。错误本身并非"过"，错而不改才是"过"。在复盘过程中，我们可以回头看看那个绊倒自己的坑，仔细思考为什么会摔倒。在复盘中，我们可以分析错误，总结规律，提升能力，下一次遇到同样的坑，我们就能轻松迈过。

那么，如何复盘呢？

第一步，回顾目标。复盘是要围绕我们之前设立的目标展开的。一般来说，我们在总结时习惯于先从问题开始，这样的总结往往会把注意力放在问题本身，却忘记了重点并非问题本身，而是问题导致的失败与目标之间的差距。

恰如定期体检一样，每次体检就是一次复盘，让我们了解各项健康指标在什么区间内。拿到体检结果后，医生会围绕如何让我们有一个健康的身体这个目标，帮助我们分析、查找原因，然后再给出解决方案。

第二步，判断并总结、归纳做得好的地方、做得不好的地方。复盘不是仅仅总结问题，我们还要把做得好的地方以及做得好的原因写出来。这样我们以后回顾时，可以借鉴成功之处。之后再把我们做得不好的地方写出来，并分析做得不好的外部原因和内部原因、主要原因和次要原因。

第三步，当我们通过记录和反思，对自己的工作和项目进行复盘之后，一定要把这些成果利用起来。也就是说，当我们面临新的挑战和难题时，尽可能摆脱之前的路径依赖，不要完全照搬以前的做法，仔细想一想能否尝试一些不同的做法。只有这样，我们才能够把从过去失败中总结提炼的东西，变成自己成长的养料。

第四步，在新的实践之后，思考还有哪些东西可以补充进来。比如，在一个活动安排中，其实有更好的和相关人员配合的方法，但是我们当时没有想到，在复盘中想到了就可以记下来。

复盘结束，我们就会让自己的记忆落在纸上，留下深刻的认知。只有把经历过的失败认真复盘，我们所有的认知才会形成一个个观点储存在大脑里。

有人说："棋局如人生，下棋时，布局越华丽，就越容易遭到对手的攻击。生活中，少犯错误的人，要比华而不实的人更容易成功。"棋手在对局完毕后，无论输赢，都会复盘，唯有如此才能逐步成为棋坛高手。

无论成功还是失败，我们都应建立"复盘"思维，掌握复盘方法，这样才能更好地"谋局布阵"，让自己"落子无悔"。

你什么都不缺，只是缺乏重新开始的勇气

钱没了，可以再挣；朋友没了，可以再交；爱情没了，可以再找。记住：你什么都不缺，你缺的是一份重新开始的勇气。

想做成一件事哪有那么容易，半途而废、只差临门一脚却功亏一篑，这都是很常见的事。但很多人在跌倒之后，不是站起来拍拍尘土继续前行，反而躺在原地，翻个身，玩起了手机。

被对象出轨狠狠伤害，就决心成为单身贵族，把所有的缘分拒之门外。创业失败亏本，就找一个稳定但未来一眼望得到头的工作，开始混日子、得过且过。想要学画画，怎么也画不好人体肌肉走向，把笔一摔就此搁置，在日后看到优秀的画作时只能感叹为什么自己画不出来。

人之所以没有勇气重新开始，就是源于对失败的恐惧。失败损害了我们的利益，人类如果不趋利避害，就无法生存。所以，很多人遭遇失败时会自然而然地想要逃避，这是本能的驱使。

殊不知，越是逃避失败，就越会产生消极的自我暗示。我们一直在暗示自己失败可能造成损失，就会加强失败给我们带来的痛苦。如果我们不敢面对失败，那么我们会一直失败。

不如换个角度想想，我们失败以后对重新开始的顾虑，其实也是失败的一种积极意义。为了创造出这份精神上的谨慎，心理层面的焦虑和恐惧是必要的。这份焦虑与恐惧，除了可以解读为"我们不宜马上开始新的计划或行动"之外，还可以解读为"我们应该继续调查、调整和控制下一次行动的方法和成本，直到我们有把握能够在下一次行动中获得成功"。

恐惧失败是很正常的情绪，毕竟挫折就像是一座大山，牢牢地压在我们的心上。但是，任何人都应该像孙悟空一样，时刻有掀翻它、毁灭它的决心。开拓者的一生，难免有失败的记录。但是，凭着永远进击、不屈不挠的拼搏精神，我们终能如愿以偿，抵达巅峰。

谈迁一心编撰明史《国榷》。历时26年，他广泛搜集资料，6次修改稿件，最终完成。这份辛劳用"呕心沥血"来形容实不为过。

然而，一场突如其来的盗窃让他落入绝望的深渊。在那个朝代更迭、战乱频发的年代，乡村盗贼猖獗。看到谈迁家中空空如也，那绝不走空的小偷竟将《国榷》全稿盗走，从此下落不明。

得知毕生心血毁于一旦，谈迁如遭雷击，一时捶胸顿足，仰天悲叹道："吾力殚矣！"

然而，年过半百的谈迁并没有放弃，身经丧乱，贫寒半生，《国榷》已不仅仅是他的心血之作，更是他的精神支柱，是他的生命印迹。靠着对《国榷》的执着，他决心用余生去重写文稿。

在孤灯和简陋的环境中，谈迁凝聚了半生的智慧与经验，投入了4年的努力，终于完成了第二次编撰工作。他留给后世一部500万字的皇皇巨著——《国榷》，同时也实现了自己毕生的追求。

不要害怕重新开始，因为这一次我们不是从头开始，而是从经验开始。我们的生命就像一本书，每一页都是经验。每一个重新开始，都是书中新的篇章，是上一章的延续。那些曾经陪伴我们的挫折和困难，虽然让我们备感痛苦，但它们锻造了我们的勇气、坚韧和智慧，让我们站在新的起点上时更加从容和睿智。

也不要害怕面对未知，正是未知给予我们探索和发现的机会。新的起点，就像是一幅空白的画布，等待我们去描绘绚丽的色彩。

无论我们过去遭遇多少失败，每天清晨都是一个全新的开始。不要让过去的阴影遮住阳光，不要让失落扼杀希望。重新开始，让我们回归本真，追寻内心真正渴望的生活，享受每一刻的喜悦和成长。

失败后想要重新站起来是一件不容易的事情，当我们对前路感到迷茫时，我们可以试试下面的做法。

让自己感觉到被需要

让我们认为自己不可或缺，从心底认为自己被需要，自己是有价值、有使命的。比如，一位女性平时看见蟑螂都会吓得哆嗦，但是当她作为一位母亲看见自己的孩子被一只疯狗追逐撕咬时，她就会一瞬间犹如战神附体，浑身充满勇气和力量，冲上前去从疯狗嘴中抢回自己的孩子。

原谅自己的过错

我们常常自责于过去的错误和选择，却忽略了每一个失败都是成长的机会。我们要相信自己的能力和潜力，相信每一个重新开始都在向更好的自己迈进。

不要埋怨别人

我们把自己面对的困境都归咎于别人，就是在逃避责任。

只有经历过地狱般的磨炼，才会具有创造天堂的才能。当我们勇敢地去面对失败和挫折，去迎接未知的未来时就会发现，其实重新开始并没有那么可怕。

既然选择了勇敢，就要迎着风，咬着牙，走过去。你也许不知道，你坚持的样子，是这个世间最美的风景。

别怕，只要心存阳光，何惧岁月苍凉？也不必仰望星空，只要自信、坚强，你亦是星辰。

放下执念，心才能回归安宁和富足

很多人因为某个念想，便为之努力多年，不肯放弃。可执念太深，就会纠缠着我们，无法继续前行。

物也好，人也罢，跟你有缘自会碰面，无缘的只会一直错过。虽说命由己造，但我们又不得不承认，有些事情也是讲究机缘的，该得到的我们欣然接受，留不住的我们坦然放弃。

一根针，放在手心，相安无事；如果用力握紧，针会伤手，让人痛苦。我们对外物的执念，就是那一根针。放在亲情友情爱情里，就会伤情；放在一日三餐里，就会卡住脖子；放在眼睛里，看任何风景，都是眼中钉……

心理学上有一个蔡格尼克效应，指的是我们更容易忘记那些已经完成的、有了确定结果的事情，而对于那些结果未知、中途被人强行打断没有完成的事情，往往记忆深刻，难以忘怀。这样就会产生一种未完成情结，让我们一直想着这些未完成的事情，最终成为我们的执念。

我们每个人或多或少都有过被中断之事，不一定多么惊天动地，哪怕只是一部看到一半的电视剧，都会成为一种牵挂。毕竟，亲手终结过去的一些心愿、谜题，是刻在人类骨子里的一种本能。

别人一万次的开解，也不如我们自己恍然大悟。对于执念，旁人无法救赎，唯有自度，因为最了解我们的只有我们自己。别在无意义的事情上消磨时光、消耗精力，放下才能更好地前行。

执念太深便会困于一念，一念放下便是自在。有些事只适合释怀，不适合在记忆里徘徊。你若爱，生活哪里都可爱；你若恨，世间万物皆可恨。放不下，满眼全是阴霾；放下了，处处都可爱。

我们只有放下这些执念和牵挂，减轻内心的负担，才能看到执念之外的世界。要想放下执念，我们可以试试下面的方法。

1.我们可以通过写日记、绘画、音乐创作等创造性活动，记录下我们无法放下的事情，来抒发内心的压抑情绪。

2.在睡觉之前回忆一下我们可以感激的事情，哪怕只是别人一个小小的微笑、一次帮忙按电梯、一杯清凉的水。通过不断感恩，我们可以使心态平和，重归安宁。

3.我们在强求一些不属于自己的东西时，可以回头看看自己的专属宝藏，比如亲人、朋友、生命、健康等，想想这些的珍贵之处。

放下执念并不能一蹴而就，需要时间和耐心。放下执念，我们才能听见鸟鸣、闻到花香、看见水流，才能发现沿途风景百变多样，我们怎么看也看不完、看不够。

翻篇是一种能力

站起来就好，没人总记得你跌倒时的狼狈

生活中难免遇到失败和挫折，不要害怕失败，更不必在意别人的眼光，唯一要做的是总结经验、吸取教训，站起来重新开始。

有人问一个孩子，你是怎样学会滑冰的？孩子回答说：跌倒了爬起来，爬起来再跌倒，然后再爬起来就学会了。只要站起来的次数比倒下去的次数多一次，就是成功！这个道理很简单，但是大多数人在摔倒之后，却再也站不起来了。因为失败时的狼狈景象让他们恐惧害怕，他们害怕再次摔倒，再次失败，所以宁愿不站起来。

阿铭是一名杂技演员，16岁那年，他在一场重要的杂技比赛中表演一套高难度动作。可没想到，表演过程中竟然出现了重大失误，他从表演台上掉了下来。这一下场馆内嘘声四起。

这样的失误让阿铭觉得很难堪。从那之后，他一直没有再表演过那套动作。直到多年后的一天，他参加杂技团的一次聚会。聚会人员当中，有许多人都参与了当年那场表演。畅谈青葱往事的时候，他装作无意提到那次最狼狈不堪的失败。结果出乎意料，只有他自己还记得那样清晰，其他朋友都想不起来曾经发生过这样一件事情。

第七章 失败翻篇：要有归零再出发的勇气

此时，他突然醒悟，原来令我们胆怯的只是我们自己臆想出的嘲笑和打击，我们原以为天大的事情，对于别人来说却微不足道。

这个世界上，人们只会记住成功者，没有人会在意失败者。所以别太把自己当回事，也别太把自己曾经的失败放在心上。失败了，重新再来，没有人会记得你跌倒时的狼狈相，一直以来都是我们自己耿耿于怀，放不开。

一个月夜，一只鸭子在湖水里觅食。突然，它看见月亮在水里的倒影。它以为这是一条银色的小鱼，于是就一个猛子扎进水里，结果当然一无所获。这只鸭子潜水捉月亮的时候被它的几个同伴看见了，大家都放声大笑。嘲笑声让鸭子觉得很难堪。因为害怕嘲笑，鸭子再也不敢下水捕鱼了，最终，它饿死在满是鱼儿的湖中。

这虽然是一则寓言，但却是现实中许多人的真实写照。比如，有的人原本踌躇满志地加入了创业者大军，但是失败一次之后，就退缩了，畏惧了。他不敢再走这条路，害怕自己失败的时候太难看、太狼狈，从而受到别人的白眼和嘲讽。

我们总是缺少面对失败和嘲笑的勇气，害怕失败后的冷嘲热讽，恐惧失败后嘲笑的目光。就像寓言中那只鸭子一样，给自己戴上一副无形的枷锁。

嘲笑的力量是无形的，也是可怕的，它几乎无时无刻不潜藏在你的周围，注视着你。你一旦失败，它就发出响亮的魔鬼般的笑声。但是嘲笑声并不会持续，持续的只是我们内心的在乎。除了亲人、朋友，陌生人的目光只会在你身上停留几秒钟。你的欢喜哀伤，你的失败颓唐，不过是你一个人的鸿篇巨制，于他们而言，只是一个微不足道的片花而已。

别把自己看得太重，跌倒也许会被别人嘲笑一时，但过不了多久别人就会忘记。因为你的经历对于他人来说只是人生的一剂调味品。但是如果你成功了，别人就会记住你。所以，失败了别放弃，也不要失去再次尝试的勇气。

我们在前进的道路上总会一次又一次地摔倒。摔倒了不要害怕，不要沮丧，要及时站起来面对困难、解决困难。大多数人都是从同一起跑线出发的，为什么有些人成为佼佼者，有些人却一事无成呢？这是因为有的人在面对挫折时不敢站起来重新开始，所以他从此一蹶不振。而别人早已迈开大步，跑到了前面，赢得了满堂喝彩。

有人说："对于我们来说，最大的荣幸就是每个人都失败过，而且当我们跌倒时都能爬起来。"不管你跌倒多少次，只要你的选择是爬起来，那么你就不是失败者。只要能再接再厉，枯木都能逢春。楚汉之争，刘邦败给项羽多次，但是每一次他都能重整旗鼓，最终夺得了江山。而项羽却因为一次失败而无颜见江东父老，最终在乌江畔自刎。

第八章

成就翻篇：人生如茶，空杯以对

翻篇是一种能力

无论好事坏事，都已随风而逝

在人生这本书里，有各种不同的章节，每一页都有全新故事。我们会遇到令人难过和沮丧的情节，也会有令人骄傲的高光时刻。然而过去的事无论是好是坏，都已随风而逝，我们要做的，就是向前看。

如果我们迟迟不愿意翻篇，或者总往回翻看悲伤的情节，那么我们只能活在痛苦的回忆中，不断内耗、沉沦，画地为牢自我束缚。这样既无法走出过去，又无法面对未来，生活了无乐趣。

既然我们没有能力回到过去重新开始，那么过去的事就应该翻篇，否则种种往事只会成为我们前行的负担，甚至让我们步履维艰。我们只有将过去的一切抛在脑后，方能轻装前行，为未来的篇章书写新意。

曾经，有一个青年背着一个大包裹，千里迢迢找大师排解自己心中的痛苦。他的鞋子磨破了，头也受伤了，整个人疲惫不堪。他问大师："您看我都已经这么辛苦了，怎么还是找不到心中的阳光呢？"

大师笑着问他："你背上背的是什么？"青年说："都是对我很重要的东西，它们见证了我受伤后的哭泣和跌倒后的痛苦。"大师又问："你来找我时，可曾经过一条大河？"青年说："是啊，而且那儿的船可不好雇，我找了好久才坐上一条小船过来。"

大师反问青年："你为什么没有从家带过来一条船呢？"青年不解："那

第八章 成就翻篇：人生如茶，空杯以对

么重，我怎么拿得动？"大师哈哈一笑，对他说："对呀，你根本拿不动的，还偏要拿，所以才这么累。船只在过河时有用，过河后再带着它，只能成为你难以承受的负担。眼泪、痛苦也是一样，你若对它们念念不忘，就会成为人生的包袱。所以，把它们放下再走吧。"

青年恍然大悟，立刻扔掉身上的包袱转身离去，果然轻松多了。

生命不能带着负担前行，快速翻篇，步履才能轻盈。我们的人生越往前走，承载的东西就越多。不仅仅是物质上的，还有精神上的，包括成功和失败，快乐和痛苦。因为回忆会随着时光的流逝增加，且不可逆。

如果我们将每一次成败、喜忧统统都扛在肩上，那往后的路很难坚持走下去。所以，在前行的路上，我们必然要丢弃一些旧的东西，将过往的篇章翻过去，才能朝着未来的目标，更大步、更有信心地走下去。

陈旧往事已不可改，日子还要一直往前走，人不能总是困在过去。勇敢地将过往翻篇，是人生最好的放下和开始。

余生过的是现在和未来，而不是从前。总是沉湎于过去，抓住已成定局的事情不放，不过是无谓地消耗自己的精力而已。我们对往昔的每一次回首和留恋，都是对当下无形的牵绊。而勇敢向前迈出的每一步，都让我们有更多机会和美好的未来相遇。

人生应该不停地往前走，无论过去发生了什么，都已经是过去式。频频回头的人走不了远路，内心舍不下过往，未来就少了容身之处。我们要及时将往事清零，然后给自己的心留下充足空间，去做更值得的事情。

有一句诗："如果你因失去了太阳而流泪，那么你也将失去群星了。"美好的事物转瞬即逝，一直活在过去的人注定不断错过。

翻篇，是一种了不起的能力。愿每个人余生都拥有这种能力，即便错过太阳，依旧能赶上满天星光。

翻篇是一种能力

沉浸在过去的荣耀里，便会难以前行

昨天的太阳晒不干今天的衣服，我们每个人都会有一些精彩的过往，但过去已经走远，未来还有更多精彩的时刻等着我们去创造。

过多地沉溺于过去的辉煌战绩，会让我们变得骄傲自满，无法直面现实。

彦博年轻时曾是一家知名企业的中层管理者，风光无限。但随着时间的推移，企业改制，他失去了原有的职位，成了一名普通的、即将退休的老员工。

然而，彦博每次聚会都要拉着一些新人大谈特谈自己当年的辉煌成就。像当初企业一个非常重要的项目出问题，在没人敢接下这个烂摊子的时候，是他挺身而出力挽狂澜；当初一个大客户态度暧昧，是他陪客户喝了好几次酒，最终才拿下了订单……可这些故事，大家听得耳朵都要起茧了。

越是对现在的生活不满，我们越会对曾经的成绩沾沾自喜，甚至吹嘘自己曾经多么厉害，拿过哪些奖项，认识哪些大佬。

这种现象的背后，往往隐藏着一种心理落差。当我们年轻时，充满自信和憧憬，期待自己能够出人头地。然而，成长后的我们会意识到，现实中的竞争和压力远比想象中要复杂和残酷，我们只是一个普普通通的打工人。这种差距带来的挫折感，可能会让我们感到自卑、迷茫甚至失望。为了逃避这种现实，我们会选择用过去的辉煌来麻痹自己，幻想自己仍然处在那个辉煌的时刻，以便让自己暂时忘记现实的窘境。

又或者因为我们缺乏对生活的热爱，还没有找到自己真正热衷的事业或目标。我们认为，即便不去寻找，也能依靠过去的经验，在现实生活中找到一种平衡和满足，得过且过。

然而，这种满足往往是暂时的，甚至是虚假的，它只会让我们错过更多现实的机遇和发展。潮水退去之后，只会剩下一片光秃秃的礁石，现实的难题不会因为虚假的满足而自动解决。

假如我们一直固守这片礁石海滩不能取得新成就，没有人会相信我们口中的成绩和荣耀是真的。鲜花和掌声只会为努力的人而存在，而过去的辉煌只能是我们下一次成功的基石。当我们止步不前的时候，放下过往的成绩，才能在当下收获更多。

北宋文学家苏洵，年少时开始读书，学习断句、作诗文。但没有学成就放弃了读书，去游历名山大川。

25岁时，苏洵开始读书，想要考取功名。但他开始读书的时间太晚，又自认为很聪明，便没有认真去读。他去参加乡试，果然落榜了。他在检讨后，搬出几百篇自己的旧作细读，叹道："吾今之学，乃犹未之学也！"于是他愤然将这批旧稿烧了个精光。

苏洵从此坐在书斋里苦读诗书经传五六年，终于文笔大进，下笔有成。

智者莫念昔日功，好汉不提当年勇。如果我们能真正把那些小成就放下，慢慢地学习新东西，默默努力，无论什么年纪，无论处于何种程度，都坚持不懈地学习，我们的人生会变得越来越成功。

当我们做成一些事情时，如果沉迷于这份所谓的功业，就会对自己产生错误的认知。我们要想尽快放下过往的成绩，不断进取，可以试试下面几个方法。

拥抱变化

生活是不断变化的，我们应该适应这种变化。我们要相信自己能够应对变化，主动根据这些变化调整自己的生活方式和态度。

保持谦虚的态度

天外有天，人外有人。不论过去的成就有多大，我们都要保持低调谦和的态度，不肆意招摇。

设立新目标

寻找一个更有挑战性的全新目标代替我们已经完成的目标，然后做好计划去努力实现这个目标。比如学习编程时，我们已经能用代码做一个简单的网页，那么接下来可以试着去为这个网页增添功能，让它更加全面。

皇冠是暂时的光辉，也是永久的束缚。我们登上一座山峰后，只有下山，才能去攀登另一座更高的山。很多时候，我们与其沉醉于昔日的光环之中，不如选择涤荡内心的繁杂，收敛起自己的锋芒，安静做事。

低调的人不会向全世界炫耀自己曾经的成绩。这一辈子就像喝茶，水虽是沸的，但心是静的。一几、一壶、一人、一幽谷，浅斟慢品。任尘世浮华，不过似眼前升腾的水雾，氤氲、缭绕、飘散。

空杯心态，适时归零是为取得新成绩

有心者，有所累；无心者，无所谓。生命的价值不在于获取，而在于清空。懂得清空，不仅是给予心灵短暂的休息，更是一种蓄势待发的希望。

我们在一个杯子中倒入牛奶，我们说这是"一杯牛奶"；如果倒上果汁，我们称它为"一杯果汁"。杯子倒进什么东西，这种东西就变成了这只杯子的称呼。只有空着时，大家才叫它杯子。

同样，如果我们内心里装满财富、学问、偏见、烦恼，我们就不再是一个纯粹的自己。只有清空内心，我们才是真正的、纯粹的自己。

这就是空杯心态，指的是做事前要有一个好心态，把自己想象成"一只空着的杯子"，将一切归零，再接纳新的事物。

某日，知了目睹了一只大雁在天空自由地翱翔，心中充满羡慕之意。于是，它恳请大雁教自己飞翔。大雁欣然答应了知了的请求。

然而，飞翔并非易事。知了在学习过程中时而分心张望，时而四处乱跑，对大雁的指导显得心不在焉。当大雁详细解释飞翔技巧时，知了只听了寥寥数句便失去耐心，不断重复着："知了，知了！"

翻篇是一种能力

尽管大雁多次鼓励知了多加练习，但它只是简单地尝试了几次飞行，便自以为是地宣称："知了，知了！"

随着季节的变换，大雁即将启程前往南方。知了想要与大雁并肩高飞，但遗憾的是，无论它如何努力挥动翅膀，始终无法飞得更高。

此时此刻，知了望着大雁在广阔的天空中自由飞翔，深感懊悔。它后悔当初的自满与懈怠，没有投入足够的努力去练习飞翔。

然而，时光已逝，后悔已迟。知了只能无奈地叹息："迟了，迟了！"

假如我们的内心充满急躁、骄傲，我们就难以听进他人的意见。假如内心的杯子装满负面情绪，我们就难以装下那些美好的事物。每个人的心就像一只茶杯，装满了自以为重要的东西，便再难装入更多的东西，自然也就谈不上超越和进步。

古语说："以物役我者，逆固生憎，顺亦生爱，一毛便生缠缚。"如果以外界的事物、得失来奴役自身的心灵，就会产生不顺遂的得失心。所以，当我们心中充斥着得失之念，便会萌生怨恨与懊悔，逐渐被这些情绪所困扰，甚至沉溺于往昔。而在顺境之时，我们又往往依依不舍那些美好的瞬间，渴望它们永远相伴，以至于任何变故都会让内心感受到束缚。

我们应当追求的是身心的超脱，不为形影所困，让心境达到宁静的状态。对于过去那些无法挽留的事物，我们要坦然放手。倘若总是对往事无法释怀，那么最终只会让自己陷入停滞不前、烦恼无尽的境地。

所以，每过一段时间，我们要将过往清零，就当作让自己重新来过。让坏的不会影响未来，让好的不会迷惑现在。我们要想将过往清零，可以参考以下建议。

学会心疼自己，别想太多

我们内心的空间只有这么大，如果总是瞻前顾后、思来想去，就算想让自己空杯，也很难做到。听应该听的，没必要的不听；想应该想的，不想没用的。给心减减压，让心不累。我们平时不要太敏感，如果什么问题都往自己身上揽，很容易受到伤害。

不妨大声说出一切，即使我们在自言自语，也已经开始了放手的过程。如果需要的话，可以四处走走并踱步。一旦我们把自己的想法摒除，就开始了将它们从我们的大脑中移出的过程。

对过去的自己少一点儿批判和指责

一味地否定自己，只会让自己更加迷茫。对于当下的一切，我们更加不知道该怎样做。我们曾经作的决定、完成的事情受我们当时水平的限定，现在的我们有更好的方法是很正常的。即使曾经失败了，我们也能够从中吸取经验教训。

不要用现在的标准去衡量之前的我们，不管怎样我们都会对过去有遗憾和不满。比如，很多人在谈及职场初体验的时候会说"搞不明白我当初怎么会那么傻"，其实那个时候的我们并不是傻，只是更愿意坚持自己的原则，更有棱角。我们在用血泪寻找自己的答案，跌跌撞撞尝试与世界相处的方式。学习很久，才取了如今的成就。

竹笋，在短短20日的时光流转中，便能化身为一棵挺拔的竹子。其茎空心，非但不会因虚弱而弯曲，反而因此获得了抵御风雨的力量。

而那深埋于污泥中的莲藕，其身躯亦布满了空隙。正是这些空隙，让它得以在混沌的水下世界汲取生存所需的氧气。其孕育出的莲花，清新脱俗，出淤泥而不染。

翻篇是一种能力

  一幅《寒江独钓图》，除却一叶扁舟，一位老翁，一根钓竿，周围一片空白，却让人觉得烟波浩渺，天地广阔。

  空，不一定是失去，反而是另一种更丰富的拥有。因为，它不是毫无主见的随波逐流，更不是知难而退的消极无为。这其中有"宠辱不惊，闲看庭前花开花落"的从容，更有"蓬舟吹取三山去"的旷达。每一次倒空，都是接纳的开始；每一次接纳，都是更丰盈的充实。

卡在发展的瓶颈期，如何进阶到更高层级

我们的一生中，难免遭遇事业瓶颈期。很多时候，平庸与优秀之间，可能只差一个选择。人生改变命运的机会也许只有一次，抓住了，我们便能破茧成蝶。

明明之前做起来很开心的事，有时候我们会觉得："做这件事好像没什么意思。为什么我会这么难受呢？"

明明之前只要一见面就恨不得一起玩通宵的朋友，有时候我们会觉得："这个人原来就是这样的吗？为什么总觉得心里不太舒服？"

明明之前认为比较正常的收入，有时候我们会觉得："是不是有点儿少？如果能多赚点儿，自己应该可以生活得更好一些吧？"

这种淡淡的不适感，总是在一定时期出现在我们周围，让我们迷茫，又不知所措。其实，这是我们进入了瓶颈期，我们应该感到高兴。因为只要突破了瓶颈期，我们就能更进一步。只是，很多人都会被卡在这里，无法突破，无法改变现状，觉得左右为难。

君若开了一家设计工作室。因为她的才华，很多人都追着要同她合作。但是她最近有点苦恼：她才30出头，但精神状态看起来都快50了。

翻篇是一种能力

主要是君若成家之后，各种家庭事务和工作压力让她总是身心俱疲。尽管她有才华，前30年都非常顺利，但是这两年她好像总是在倒霉，肉眼可见地衰老。

君若进入了一种恶性循环。她的身体和精神状态大不如前了，想尽快赚钱。但这种时候，遇到的都是骗她、利用她，甚至想占她便宜的人，她的精神状态就更差了。

君若的闺密劝她，先别着急赚钱，瓶颈期虽然很需要钱，但要先打破恶性循环，恢复自己的元气。闺密陪君若出去玩了两天，君若意识到自己之前的状态太紧绷。于是她去找中医调理身体，买了不少养生产品，还办了健身卡，每周去练瑜伽。

渐渐地，君若的状态越来越好，情绪越来越松弛，也有更多精力赚钱了。

一般来说，我们卡在瓶颈期缘于以下三种心理现象。

第一种，从心理学的角度来看，我们开车经过隧道时，总是想要迅速摆脱隧道的束缚，因为隧道的黑暗环境会给我们带来压抑感和焦虑感。

同样，当我们长期处于同一工作岗位上时，积累的工作压力会引发许多负面情绪。这些情绪宛如一条漆黑的隧道，让我们只想尽快逃离。然而，事与愿违的是，越是渴望摆脱，焦虑感越强烈，理性解决问题的能力也越受影响。

第二种，我们对自己已经付出时间、精力的事物，会有更多参与感，倾注大量感情，然后就会高估事物价值，不舍得放手。

比如三国的杨修，他听见曹操说鸡肋，便判断出曹操有退兵之意。杨修认为，鸡肋，食之无肉，弃之有味，暗示了曹操当时犹豫不决的想法——进兵没有胜利把握，退兵又害怕被人笑话——所以应该早点做打算。

曹操听后大惊，以扰乱军心的罪名，把杨修杀了。

我们的工作到了一定阶段，曾经深爱的工作就成了曹操口中的鸡肋，既舍不得放弃，抓着又实在没有升职空间。

第三种，当我们在一个空间里不断重复接收相同的信息时，我们很容易相信这个信息是真的，不再对信息作分析判断，而且外界其他不同信息也很难再进入这个空间。

当我们在一个岗位上待得太久，我们所掌握的就基本都是这个岗位所需要的技能，而且我们的眼界会变窄，思维也会固化。

那么，我们如何突破瓶颈期，登上山巅呢？我们可以试试下面的办法。

舍弃惯性思维

我们要先打破自己的惯性思维，才能走出习惯的陷阱。让自己轻装上阵，不要让类似"如果不……就会……"的固定思维，或者"……就是这样的"先入为主的观念，成为自己的思想束缚。

开发短板

当我们的事业进入瓶颈期，擅长的事情大多已经有所展示。我们可以从自己的短板入手，看看自己还有哪些潜力可以挖掘，还有哪些自己平时没有注意到的能力。

日子一天一天往前走，总有一天我们会钻出漆黑的隧道。保持这样的信念，保持平常心，努力提升自己的能力，我们就会有更多的选择。

强化长板和优势，重塑核心竞争力

一招鲜，吃遍天。只有深耕于某一领域，发挥自己的特长和优势，才能成为这一领域的佼佼者。无论我们从事哪个行业，只要勤奋努力，坚持不懈，就必定能够做出成绩。

很多人存在的问题是，不为自己的优点欣喜，却喜欢跟自己的弱点较劲。这么做只会导致我们变成一茬茬被剪得整整齐齐的韭菜，被埋没在平庸的大多数里。

这背后的理论支撑就是木桶理论，即一个木桶能装多少水，取决于最短的那块木板。这让我们愈加坚信，必须弥补自己的弱项，才能变得更优秀。

在合作成本比较高的时代，遵循短板理论弥补自己的劣势，没有错。但在互联网时代，专业的细分让我们无法补齐所有短板，但互联网促使信息流通加速，使得合作的成本越来越低。于是，短板理论"破产"，取而代之的是长板理论。

个人的核心竞争力在于某项能力的独特性和不可替代性。我们想要成为行业的顶尖人才，必须足够专一、专注，在一件事上投入所有的时间和精力。相对于全能型人才来说，专业型人才更符合这个时代的需求，更适应当下越发残酷的社会竞争。

发挥优势的过程是一个充满惊喜、不断自我肯定的过程，你的自信心会与日俱增。如果你一味地放大自己的缺点，自信心一开始就备受打击，就算有天赋也可能被低自尊埋没。如果你尽全力放大优势，反而能达到扬长避短的效果。

有心理学家提出一个叫精熟体验的概念。就是说，如果一个人在处理某项任务的过程中表现很好且全程高效，他心中会弥漫着一股成就感和幸福感。而这种感觉反过来又会激励他越发投入、努力，这就形成了良性循环。

当然，我们想要放大自己的优势，先要找到自己的优势。问问自己擅长什么，而不是喜欢什么，因为你感兴趣的事情并不一定在你擅长的领域。你可以通过下列问题，让自己的优势浮出水面。

问自己以下问题，一边思索一边记录下答案。

"人生哪些瞬间，让你觉得成就感很强？""遭遇人生低谷的时候，是什么支撑你走出来的？""别人请教你哪种类型的问题，你会觉得兴奋？""你的嗅觉、听觉、味觉、触觉，哪一项最敏感？""有什么东西频频出现在你生命的每一个阶段？""你最难割舍的是什么？""什么事情让你放弃休息也要投入其中？""你做什么事情时喜欢拖延？"

通过外部资源找到优势

你可以通过一些人格测试工具寻找自身优势。除此之外，你也可以寻找专业的职业规划师帮你梳理。

找到适合的平台

找到自己的优势后，再明确努力的方向。下一步，就是寻找适合的平台供自己发挥。人只有在合适的平台才能发挥全部潜力,从而大放异彩。

那么,什么样的公司才适合你呢?不一定要冲着名气、冲着金钱,我们选择公司要看其企业文化。我们要知道,员工能创造多少价值,首先要看工作环境是否公平公正。

有相关学者给出建议,一个人要有所作为,只能靠发挥自己的长处。从事自己不太擅长的工作是无法取得成就的,更不用说那些自己根本干不了的事情。首先,专注于你的长处;其次,强化你的长处。

我们该拼命去弥补的并不是致命的弱点。寻找弱点去弥补,根本无法让你实现"从平凡到卓越"的目标,你要做的是扬长避短。只有发现自己的长处,关注自己的长处,放大自己的长处,你才更有可能获得成功。

敢于否定自我才能超越自我

真正自信的人，不会在乎所谓的个人"颜面"，他会公正地看待一切，敢于否定自己，不给自己的思维设立太多的条条框框。

过度的自我否定导致自惭形秽就是自卑，但理性的自我否定则是对自己的一种心理认可和自信。敢于否定自己，才能不断超越自己。

勇于自我否定是智者不断进步的一种傲然姿态，是创造辉煌的武器，它将使我们实现更大的飞跃。

居里夫人闻名于世，但她既不求名也不图利。她一生获得各种奖金10次，各种奖章16枚，各种名誉头衔117个，却全不在意。有一天，她的一位朋友来她家做客，忽然看见她的小女儿正在玩英国皇家学会刚刚颁发给她的金质奖章，于是惊讶地说："居里夫人，得到一枚英国皇家学会的奖章是极高的荣誉，你怎么能给孩子玩呢？"居里夫人笑了笑说："我是想让孩子从小就知道，荣誉就像玩具，只能玩玩而已，绝不能看得太重，否则将一事无成。"

一切的成绩、荣誉和成就只代表过去，而现在，我们需要创造新的辉煌，才能延续自己的辉煌。如果总是沉迷于过去的点滴成就，骄傲自大、

翻篇是一种能力

故步自封，那么必然会停滞不前，将自己生命的亮点永远定格在过去那一刻。而这些亮点也必然是孤立的、间断而不连续的，即使发光也很微弱，直到消失。

如果我们总是想着昨天的成就，就会导致自己对现状作出错误的评估，下意识认为很多东西都是自己应得的，就会缺少再接再厉的精神。勇于否定自我、从零开始，代表一种不断前进的状态。在从零开始做起的同时，你会不断地充实自己，不断地完善自己。

敢于否定自己，才能重塑自己。比如，限于我们当初的认知，我们可能会作出一些错误选择，甚至一些愚蠢的决定。随着我们认知的提高，就能重塑思维模式，作出更明智的决定。

例如，你刚毕业来到北京工作，为了节省房租，你选择住在五环甚至六环外，每天上下班时间长达2~4个小时。后来，你发现：因为居住位置偏远，平时通勤太累，周末本来想出门社交或参加各种开阔眼界的活动，但一想到出行的麻烦便自动放弃。最后，宁愿窝在出租屋里睡懒觉、追剧也不出门。

长此以往，思维变得局限不说，也错失了很多机会。如果搬到公司附近居住，虽然房租可能增加不少，但每天最少能节省2个小时的通勤时间。这些时间完全可以用来充实自己或发展一门兴趣。于是，你决定住在公司附近，虽然房租增多，却节省了时间成本。

勇于否定自己，也是一种心理暗示，一种不断告诉自己可以做得更好的积极心理暗示。这种暗示会在不知不觉之中对自己的意志、生理状态产生影响。比如一个人失败了，不断暗示自己下一次一定可以成功，就会增强他的信心，让他更勇敢地面对下一次挑战。

不断否定自己，更是不断看轻以前的自己，赢得另一个更满意的自己。有人说，还是把自己当作泥土吧，老是把自己当珍珠，就会有被埋没的痛苦。把自己看轻一点，并不是自卑，也不是怯弱，而是一种大智大勇。

当然，自我否定不仅是痛苦的，很多时候更是难堪的。但敢于自我否定，才能不断进步，乃至赢得更多尊重。勇于自我否定，是胸怀的体现和睿智的选择。

翻篇是一种能力

构建成长型思维模式，让你终身成长

在这个充满竞争和挑战的社会中，仅靠个人的天赋和运气是不够的，还要用正确的思维方式和积极的心态来不断适应变化、迎接挑战。

"我没有这方面天赋，怎么努力都没用""我天生是个笨人"……这些话的背后，反映的是一种固定型思维模式。与固定型思维形成鲜明对比的，是成长型思维。成长型思维模式的提出者卡罗尔教授认为："人的能力、智力等是变化的，可以拓展的。"

美国斯坦福大学教授卡罗尔曾邀请一批10岁左右的孩子做实验。在实验过程中，她为孩子们设置了种种困难和挑战。

有些孩子选择积极应对。事后，卡罗尔说："这些孩子明白，他们的能力是可以提升的。"但是，另一些孩子在面对这些难题时却抱有逃避的心态。他们闷闷不乐，仿佛面对的是一场灾难。卡罗尔特意检测了这群孩子面对困难时的脑部活动图像。结果显示，那些表现积极的孩子的大脑一直在高速运转，他们勇于应对挑战，并从大大小小的错误中总结经验。而那些选择逃避的孩子的大脑活动量却很低。

职场上，有固定型思维的人，通常认为自己的特性是固定不变的，天赋才是人们取得成功的决定性因素。他们对工作的成就以及对问题的原因认知不清晰、不深刻，并任由自己处于被动等待的消极状态中，抗拒主动学习。所以，他们一再抱怨公司环境不好，待遇不高，工作枯燥、烦琐，晋升渠道狭窄等，却不从自身寻找原因。

而那些具备成长型思维的职场人士在面对挑战时，总会选择迎难而上。他们将挫折与困难视为自己学习的机会。他们在乎的不是自己表现得是否完美，或者暂时得到了什么利益，而是能否从中感受乐趣、学到东西。

有人说："做业绩的人天天想着上级主动教你带你，你请回到学校去多交点学费，老师或许可以'1对1'地教你；要上级盯着管着才去做的，流水线才最适合你；要让上级哄着你做事的，请回到你妈妈身边去，长大了再来面对这个世界。"

如果你认为自己的能力会固定在某一水平线上，永远无法提升，那么，你迟早会面临被淘汰的结局。毕竟职场人士所能提供的价值就是自我的价值。

你真正应该做的，是积极地转变思维，从一个"消费者"变成一个"生产者"。你要将所有抱怨、成见都化为动力，积极地从手头工作中汲取有益部分，并创造属于自己的核心竞争力。

每个人都是一个矛盾体，脑中既有成长型思维，也不乏固定型思维。我们可参考如下方法去构建成长型思维模式。

接纳

想让成长型思维在我们的大脑中占据主导地位，我们首先要懂得接纳。尤其是在遇到困难想要逃避的时候，先冷静下来，接纳这个想逃避的自己。

观察

当我们产生逃避心态的时候，观察是什么事情刺激了自己的固定型思维。回忆当时的感觉，复述并分析当时的心理活动。

给固定型思维模式命名

比如，你可以叫它"笨蛋""懒虫"，想象它躺在你的脑海里，每次在你试图改变自己的时候在你耳边叫嚣："你天分这么差，别作垂死挣扎了。"

尝试和固定型思维模式沟通

当耳边出现质疑你能力的刺耳声音时，你不要附和它，要尝试和它沟通。如果它对你说："你不行，你太差劲了。"你要坚定有力地反驳、劝导它："我不想坐以待毙，就算可能会失败，我也想尝试一下，你可以对我有耐心一点吗？"

有人说："失败也是我需要的，它和成功对我一样有价值。"成长型思维的人认为失败也是学习的过程。他们不愿故步自封，所以才能冲破成长的障碍，成就最好的自己。